Hermann Harde

Was trägt *CO₂* wirklich zur globalen Erwärmung bei?

Spektroskopische Untersuchungen und Modellrechnungen
zum Einfluss von *H₂O, CO₂, CH₄* und *O₃* auf unser Klima

Hamburg 2011

Prof. Dr. Hermann Harde

1944 in Nordstemmen geboren, Wehrdienst von 1964-1966.

Studium von 1966-1970 mit Schwerpunkt Atom- und Laserphysik an der TU Hannover, danach Wissenschaftlicher Assistent an der Universität Kaiserslautern von 1971-1974 und Promotion zum Dr. rer. nat.

1975 Ruf auf die Professur Lasertechnik und seit 1982 Professor für Lasertechnik und Werkstoffkunde an der Helmut-Schmidt-Universität, Universität der Bundeswehr Hamburg.

Arbeitsgebiete:
- Erzeugung und Nachweis ultakurzer Lichtimpulse
- Ausbreitung ultrakurzer Lichtimpulse in Glasfasern
- Quanteninterferenz-Phänomene bei Atomen und Molekülen
- Entwicklung von Gassensoren für die Umweltmesstechnik
- Oberflächenmikrostrukturierung mit Lasern
- Ferninfrarot-Untersuchungen mit Femtosekunden THz Impulsen
- Ausbreitung von elektromagnetischer Strahlung in der Atmosphäre

Impressum:
Bibliografische Information der Deutschen Nationalbibliothek

Harde, Hermann:
Was trägt CO_2 wirklich zur globalen Erwärmung bei?
Norderstedt: BoD, 2011
ISBN 9 783842 371576

Inhalt und Abbildungen dieses Buches sind urheberrechtlich geschützt. Jede Verwendung außerhalb des Urheberrechtsgesetzes ohne Zustimmung des Autors ist unzulässig und strafbar.

© 2011 Hermann Harde

Herstellung und Verlag: Books on Demand GmbH, Norderstedt

Vorwort

Spätestens seit dem Kyoto-Protokoll 1997 ist es über Staats- und Parteigrenzen hinweg der erklärte Wille vieler Politiker, von fossilen Energieträgern abzurücken oder zumindest deren Einsatz stark einzuschränken, um die von Klimawissenschaftlern prognostizierte globale Erwärmung durch Treibhausgase, die vor allem auf menschliche Aktivitäten zurückgeführt wird, zu begrenzen. Gemäß dem Kyoto-Protokoll haben sich die Vertragsstaaten verpflichtet, ihre Emissionen im Zeitraum von 2008-2012 um mindestens 5 % unter das Niveau von 1990 zu senken, Deutschland hat sich sogar verpflichtet, die Emissionen in diesem Zeitraum um mindestens 20% zu senken.

Um diese Ziele zu erreichen, wurde 2005 innerhalb der Europäischen Union der Handel mit Emissionszertifikaten (CO_2-Zertifikate) eingeführt, durch den der Klimaschutz marktwirtschaftlich umgesetzt werden und dort stattfinden soll, wo er am kostengünstigsten realisiert werden kann. Dabei besteht kein Zweifel, dass hiermit weitere erhebliche Kosten auf Energieversorger und Unternehmen mit hohem CO_2-Ausstoß zukommen und diese Kosten letztlich von den Endverbrauchern zu tragen sind.

Zudem hat nach den verheerenden Auswirkungen und der Zerstörungen von Kernkraftwerken in Japan durch den Tsunami Anfang 2011 die Bundesregierung kurzfristig zusammen mit den Ländern den Ausstieg aus der Kernenergie bis zum Jahr 2022 beschlossen. Es wird auf regenerative Energien gesetzt, die allerdings ebenso wie die dafür erforderlichen Netze noch nicht annähernd in ausreichendem Maße zur Verfügung stehen.

In dieser Phase ist eine weitere Reduktion von CO_2-Emissionen kaum vorstellbar, vielmehr ist von einem zumindest vorübergehenden weiteren Anstieg auszugehen, der gleichzeitig mit den ausgegebenen Emissionszertifikaten eine neue Einnahmequellen für den Staat bildet, um die immensen Ersatzkosten für die abgeschalteten Kraftwerke ebenso wie die Entwicklungskosten für die erneuerbaren Energien finanzieren zu können.

Ob aber wirklich das CO_2 einen so maßgeblichen Einfluss auf unser Klima hat und für einen so dramatischen Temperatur- und Meeresspielanstieg verantwortlich gemacht werden kann, wie vom Weltklimarat vorhergesagt, wird nach wie vor von einer wachsenden Zahl von Wissenschaftlern und einschlägigen Klimaexperten bezweifelt. Dabei wird vielfach nicht infrage gestellt, dass es einen anthropogenen Treibhauseffekt gibt, wohl aber dessen Ausmaße und Einfluss auf unser Klima.

Zweifellos werden Ankündigungen über eine bevorstehende Klimakatastrophe in der Bevölkerung und unter Politikern besonders aufmerksam wahrgenommen, sie lösen gewissermaßen Endzeithysterien aus, wie dies etwa mit den Prognosen zur

Bevölkerungsexplosion und den befürchteten Hungerkatastrophen oder dem Waldsterben in den 80er Jahren zu beobachten war. Dies darf aber nicht dazu führen, wissenschaftliche Erkenntnisse, die noch nicht zweifelsfrei abgesichert sind, so zu dramatisieren und überzuinterpretieren, dass sich hieraus ein Glaubenskrieg in unserer Gesellschaft und eine Polarisierung zwischen Industrie- und Entwicklungsländern mit der Forderung nach Schuld und Sühne entwickelt hat[1].

In diesem Beitrag kann nicht auf die vielschichtigen Quellen und Senken von Treibhausgasen, ihren Verweilzeiten in der Atmosphäre oder Prognosen einer zukünftigen Klimaentwicklung eingegangen werden. Auch geht es nicht um Fragen, ob die fossilen Vorräte, die dem Menschen noch zur Verfügung stehen, überhaupt für einen Anstieg der derzeitigen CO_2-Konzentration auf den doppelten Wert ausreichen würden und in welchem Zeitraum ein solches Szenario denkbar wäre. Vielmehr wird als wichtigstes Ziel der hier vorgestellten Untersuchungen der Frage nachgegangen, welche globale Erwärmung mit einer hypothetischen Verdopplung der CO_2-Konzentration verbunden wäre, also der Ermittlung der sogenannten CO_2-Klimasensitivität. Dieser Wert wird maßgeblich von dem gegenseitigen Einfluss der zwei wichtigsten Treibhausgase H_2O und CO_2 bestimmt, die sich in weiten Spektralbereichen überlappen und mit steigender Konzentration deutliche Sättigungseffekte zeigen. Dies erfordert umfangreiche spektroskopische Rechnungen, bei denen auf die neusten Daten dieser Gase zurückgegriffen wird.

Der Verfasser dieser Schrift ist kein Klimawissenschaftler, er hat sich nur über viele Jahre mit der Ausbreitung von lang- und kurzwelliger elektromagnetischer Strahlung in der Atmosphäre beschäftigt. Erst aus dem Bedürfnis nach einem tieferen Verständnis und einer eigenen Einordnung der allseits verbreiteten Meldungen zu einer bevorstehenden Klimakatastrophe, insbesondere aber der großen Spannbreite der vom Weltklimarat veröffentlichten Daten zum Temperatur- und Meeresspielanstieg sind hieraus eigene Rechnungen zum Absorptionsverhalten der Treibhausgase und zur Klimaempfindlichkeit entstanden.

Das vorliegende Buch wurde verfasst mit der Absicht, einen kleinen Beitrag zur Klärung einiger Grundzusammenhänge und zur weiteren Versachlichung der Klimadiskussion zu leisten. Es wendet sich vor allem an Leser, die sich tiefer für die physikalischen Zusammenhänge des Treibhauseffekts und seinem Einfluss auf unser Klima interessieren. Es wurde deshalb besonderer Wert darauf gelegt, die Vorgehensweise sowohl bei der Berechnung der Spektren als auch bei der Entwicklung eines eigenen Klimamodells und dessen Vergleich mit anderen Modellrechnungen möglichst transparent zu gestalten.

Hamburg, im Juli 2011   Hermann Harde

---

[1] siehe z.B.: Forderungen des *Wissenschaftlichen Beirats der Bundesregierung Globale Umweltveränderungen (WBGU)* nach einem Gesellschaftsvertrag für eine große Transformation.

Übersicht

Es werden detaillierte spektroskopische Untersuchungen zum Absorptionsvermögen der Treibhausgase Wasserdampf, Kohlenstoffdioxid, Methan und Ozon vorgestellt, die auf den aktuellen Daten der HITRAN 2008-Datenbank basieren und darauf ausgerichtet sind, den Einfluss sowie die Wirkung dieser Gase auf unser Klima zu überprüfen und genauer zu quantifizieren. Die Rechnungen sowohl für die Absorption des Sonnenlichts von 0.1 – 8 µm (kurzwellige Strahlung) wie der von der Erde ausgehenden Wärmestrahlung im Bereich von 3 – 100 µm (langwellige Strahlung) zeigen einerseits, dass durch die starke Überlappung der CO_2- und CH_4-Spektren mit dem Wasser der Einfluss dieser Gase mit wachsender Wasserdampfkonzentration deutlich zurückgedrängt wird und andererseits ein mit wachsender CO_2-Konzentration deutliches Sättigungsverhalten auftritt.

Für den Wasserdampf, der in seiner Konzentration sowohl mit der Höhe über dem Erdboden wie mit der Klimazone erheblich variiert, werden für die Tropen, die Gemäßigten Breiten und die Polregionen getrennt Verteilungen angegeben, die auf neueren GPS-Messungen zum Wassergehalt in diesen Regionen basieren und für die Absorptionsrechnungen herangezogen werden. Die vertikale Änderung in Luftfeuchtigkeit und Temperatur, in den Gaspartialdrücken wie im Gesamtdruck wird berücksichtigt, indem die Atmosphäre vom Erdboden bis in 86 km Höhe in bis zu 228 Schichten unterteilt und für jede dieser Lagen das Absorptionsspektrum berechnet wird. Der vom Einfallswinkel der Sonnenstrahlung und damit der geographischen Breite abhängige Absorptionsweg durch die Atmosphäre wird dadurch einbezogen, dass die Erde als abgestumpftes Ikosaeder (Bucky Ball) betrachtet wird, das aus 32 Flächen mit definierten Einfallswinkeln besteht und diese Flächen den drei Klimazonen zugeordnet werden.

Um die aus der Absorption der Gase resultierenden Auswirkungen auf das Klima und insbesondere den Einfluss einer wachsenden CO_2-Konzentration auf die Erwärmung der Erde erfassen zu können, wird ein Zwei-Lagen-Klimamodell vorgestellt, das die Atmosphäre und die Erde als zwei Schichten beschreibt, die jeweils als Absorber und gleichzeitig als Planck'sche Strahler wirken. Ebenfalls wird ein Wärmeaustausch durch Konvektion und Evapotranspiration zwischen diesen zwei Schichten und horizontal durch Wind- oder Meeresströmungen zwischen den Klimazonen berücksichtigt. Im Gleichgewicht geben dabei die Atmosphäre wie die Erde jeweils so viel Leistung wieder ab, wie sie von der Sonne und der angrenzenden Lage aufgenommen haben. Um insbesondere die atmosphärische Abstrahlung in Richtung Erdoberfläche ebenso wie ins All genau erfassen zu können, die empfindlich das Energiegleichgewicht beeinträchtigt, wird die Strahlausbreitung durch numerisches Lösen der Strahlungstransfergleichung ermittelt.

Mit diesem Modell wird die Temperaturentwicklung der Erde und der Atmosphäre, abhängig von der CO_2-Konzentration und einer Reihe weiterer Parameter wie der Wolkenabsorption, der kurz- und langwelligen Streuung an Wolken sowie der Reflexion an der Erdoberfläche für jede Klimazone getrennt berechnet. Ebenfalls wird die mit steigender Temperatur anwachsende Wasserdampfkonzentration sowie die vom veränderten Temperaturgefälle in der Atmosphäre beeinflusste atmosphärische Rückstreuung in den Rechnungen berücksichtigt.

Die Simulationen zum Temperaturanstieg der Erde und Atmosphäre zeigen einen mit wachsender CO_2-Konzentration deutlich abflachenden Verlauf, der auf die stark gesättigte Absorption der intensiven CO_2-Banden zurückzuführen ist. Die Klimasensitivität C_S als Maß, wie weit die Temperatur bei einer Verdopplung der derzeitigen CO_2-Konzentration weiter ansteigt, ergibt für die Tropen einen Wert von C_S = *0.61°C*, für die Gemäßigten Breiten *0.59°C* und für die Polargebiete *0.87°C*.

Hieraus resultiert als gewichteter Mittelwert über alle Klimazonen eine globale Klimasensitivität von C_S = *0.62°C* mit einer Unsicherheit von *30%*, die vor allem aus der Unkenntnis der Konvektion zwischen Boden und Atmosphäre sowie der atmosphärischen Rückstreuung an Wolken resultiert. Der hier angegebene Wert für die globale Klimasensitivität ist um den Faktor *5* kleiner als der mittlere vom *IPCC* veröffentlichte Wert von *3.2°C*.

Inhaltsübersicht

1. Vorbemerkungen   1
    1.1 Zur Temperaturmessung   1
    1.2 Vermutete Gründe und Ursachen einer globalen Erwärmung   3
    1.3 Motivation und Schwerpunkte dieser Arbeit   3

2. Absorption in der Atmosphäre   6
    2.1 Sonnenspektrum   6
    2.2 Absorption des Sonnenlichts in der Atmosphäre   7
       2.2.1 Atmosphärische Druck- und Temperaturänderungen   7
       2.2.2 Wasserdampfkonzentration in der Atmosphäre   10
       2.2.3 Absorptionsspektren von H_2O, CO_2 und CH_4 10
          a) Linienzahl   10
          b) Spektrale Transmission und Absorption   12
          c) Absorption durch CO_2 und CH_4 12
          d) Schichtenzahl   13
          e) Spektrale Auflösung   13
          f) Transmittiertes Spektrum für CO_2 und CH_4 15
          g) Spektrum mit H_2O 15
          h) Überlappung der Absorptionsbanden   15
          i) Sättigungsverhalten von CO_2 17
          j) Absorptionsweg in der Atmosphäre   17
       2.2.4 Die Erde als Bucky Ball   18
    2.3 Terrestrische Wärmestrahlung   19
       2.3.1 Treibhauseffekt   19
       2.3.2 Die Erde als Planck'scher Strahler   20
       2.3.3 Berechnung der Absorptionsspektren   20
          a) Absorption durch CO_2 und CH_4 21
          b) Absorption unter Berücksichtigung des Wasserdampfes   23
          c) Absorption durch O_3 23
          d) Spektrale Überlappung und Sättigung   24

2.4 Zusammenstellung der Ergebnisse . . . 24
   2.4.1 Tropengebiete . . . 25
   2.4.2 Gemäßigte Breiten . . . 26
   2.4.3 Polargebiete . . . 27
   2.4.4 Änderung der Absorption mit der Bodentemperatur . . . 28

3. Strahlungstransfer in der Atmosphäre . . . 31
   3.1 Vorbemerkungen . . . 31
   3.2 Strahlungstransfer-Gleichung . . . 32

4. Zwei-Lagen-Klimamodell . . . 39

5. Einfluss von Kohlenstoffdioxid auf das Klima . . . 43
   5.1 Simulation für Tropengebiete . . . 45
   5.2 Simulation für Gemäßigte Breiten . . . 48
   5.3 Simulation für Polargebiete . . . 50
   5.4 Globale Erwärmung und Strahlungsbilanz . . . 51
   5.5 Bewertung der Ergebnisse . . . 55
      5.5.1 Spektralrechnungen . . . 55
      5.5.2 Wasserdampfverteilung . . . 56
      5.5.3 Aufteilung der Klimazonen . . . 56
      5.5.4 Strahlungstransfer in der Atmosphäre . . . 56
      5.5.5 Klimamodell . . . 57

6. Vergleich zu anderen Klimamodellen . . . 58
   6.1 Strahlungsantrieb . . . 58
   6.2 *RF*-Modell ohne Rückkopplungsprozesse . . . 59
   6.3 Ermittlung neuer *RF*-Modell-Parameter . . . 60
   6.4 Vergleich der Modelle mit neuen Parametern . . . 63

7. Zusammenfassung . . . 65

Anhang A: Grundlagen zur Berechnung der Absorptionsspektren — 71

1. Übergangsfrequenz — 71
2. Spektrale Linienintensität — 72
3. Absorptionskoeffizient — 73

Anhang B: Wasserdampfkonzentration in der Atmosphäre — 76

1. Gesamtwassergehalt in der Atmosphäre — 76
2. Druck, Sättigungsdampfdruck und Temperatur in der Atmosphäre — 77
3. Wasserdampfgehalt — 79

Referenzen — 81

1. Vorbemerkungen

In jedem Artikel und Bericht, der sich mit technologischen Themen oder ökologischen Entwicklungen beschäftigt, wird auf Treibhausgase, vor allem dem Klimakiller Nr.1, dem CO_2, und dessen Einfluss auf eine globale Erwärmung der Erde hingewiesen. Dies hat zweifellos seinen Grund in den außerordentlichen Auswirkungen, die bei einer weiteren Erhöhung des CO_2-Ausstoßes für Natur und Menschen erwartet werden und ganz erhebliche finanzielle, technologische wie ökologische Anstrengungen nach sich ziehen.

Aber sowohl die Messungen zur Erderwärmung als auch die angeführten Gründe hierfür lassen unter Laien wie unter Fachleuten nach wie vor erhebliche Zweifel aufkommen, ob es wirklich zu so dramatischen Entwicklungen und Auswirkungen kommt, wie sie vom Weltklimarat, dem *Intergovernmental Panel on Climate Change (IPCC)* [1] dargestellt werden und ob die Klimamodelle ebenso wie die diesen Modellen zugrunde liegenden Daten hinreichend seriös und zutreffend sind.

Gerade in jüngster Zeit wurden diese Zweifel besonders genährt durch Schreckensszenarien, die im *IPCC*-Bericht von 2007 aufgeführt sind und wonach die Himalaja-Gletscher bis 2035 höchstwahrscheinlich vollständig verschwunden sein würden [2]. Ebenso wird dort behauptet, dass mehr als die Hälfte der Niederlande unter dem Meeresspiegel liegen würden und daher beim Anstieg des Meeresspiegels besonders gefährdet seien. In beiden Fällen handelt es sich um Fehlangaben, dies trotz aller Beteuerungen des *IPCC*, dass nur Artikel von besonders auserlesenen wissenschaftlichen Zeitschriften und durch Gutachter überprüfte Informationen für den Bericht berücksichtigt seien.

1.1 Zur Temperaturmessung

Auch gab es und gibt es nach wie vor Zweifel an einer hinreichend präzisen Temperaturmessung zur globalen Erwärmung. So sind die Temperaturangaben, die sich auf Zeiten vor 1900 beziehen, nur aus indirekten Verfahren wie der Analyse von Eisbohrkernen, Baumringen oder Korallen abgeleitet. Aber auch bei den direkten Temperaturmessungen bestanden noch bis vor wenigen Jahren deutliche Diskrepanzen zwischen den Bodenmessungen einerseits und den Ballon- und Satellitenmessungen andererseits. Letztere wurden mittlerweile allerdings so angepasst, dass auch sie auf eine globale Erwärmung hinweisen [3,4].

Auch die Berücksichtigung und Wichtung von Messstationen, die einem urbanen Einfluss ausgesetzt sind und daher verständlicherweise eine Erwärmung zeigen, gegenüber anderen Orten mit eher gegenläufigem Trend lassen immer wieder Zweifel an einer hinreichend präzisen Erfassung einer globalen mittleren Temperatur aufkommen.

Aber besonders problematisch und für das Ansehen der Klimawissenschaften in der Öffentlichkeit nachteilig wirken sich die Diskussionen über mögliche Manipulationen von Messdaten aus. So wird dem US amerikanischen Paläoklimatologen Michael Mann unterstellt, die von ihm veröffentlichten Daten über die Temperaturentwicklung des letzten Jahrtausends [5], die über Jahrhunderte einen glatten Verlauf vortäuschen und erst mit der Industrialisierung Mitte bis Ende des 19-ten Jahrhunderts einen deutlichen Temperaturanstieg verzeichnen, 'geschönt' zu haben. Die Kritik bezieht sich darauf, dass die Herkunft einiger Daten nicht belegt ist, das von Mann eingesetzte Verfahren ungeeignet ist und dazu neigt, Temperaturschwankungen einzuebnen bzw. Unsicherheiten zu unterschätzen. Dadurch wird suggeriert, im Mittelalter herrschten gleichmäßige, niedrige Temperaturen vor (nicht zuletzt spricht man ja auch von der kleinen Eiszeit), und erst mit der Industrialisierung stiegen sie durch den anthropogenen Einfluss stetig und monoton an.

Nach den Daten des Goddard-Instituts [6] geht man in den letzten hundert Jahren von einer Erwärmung um *0.74 (+/-0.18) °C* und allein in den letzten 30 Jahren von *0.6°C* aus (siehe Abb. 1.1), wobei die typischen jährlichen Schwankungen bei *0.25°C* liegen. Reduziert doch bereits ein Tiefdruckgebiet mehr im Sommer die mittlere Temperatur von Hamburg um *1/10°C*.

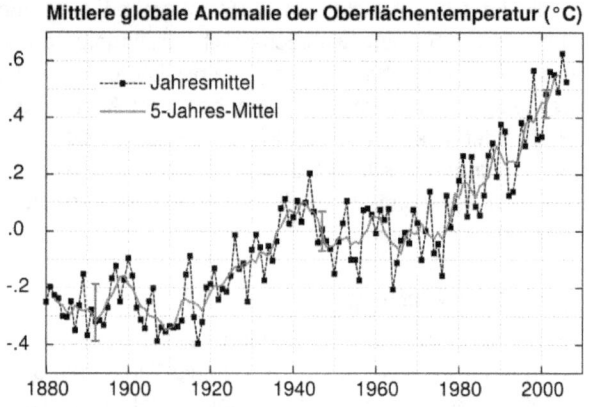

Abb. 1.1: Globale Oberflächentemperatur über die letzten 125 Jahre (Goddard-Institut [6]).

Hier kann nicht bewertet werden, ob es möglicherweise Manipulationen oder eine selektive Auswahl von Daten gab. Aber sicher liegt ein Grundproblem darin, dass die Aussagefähigkeit von Ergebnissen oft von den Wissenschaftlern und Autoren selber überinterpretiert wird, dies sicher oftmals auch unbewusst. Auch werden Ergebnisse und Aussagen zwangsläufig mitbestimmt durch den Zugang zu einer Thematik und der damit verbundenen Fragestellung. Dies gilt zweifellos auch für die hier vorgestellten Untersuchungen.

Besonders wichtig ist deshalb, gerade für ein so zentrales und komplexes Forschungsgebiet wie der Klimaforschung unterschiedliche Untersuchungsmethoden und Ansätze zu fördern, zu vergleichen und zu diskutieren.

1.2 Vermutete Gründe und Ursachen einer globalen Erwärmung

Neben den grundlegenden Zweifeln an verlässlichen und vertrauenswürdigen Daten zur Temperaturentwicklung über die letzten 100 Jahre sind insbesondere die von vielen Klimaforschern und vom *IPCC* angeführten Gründe für eine globale Erwärmung und die hieraus abgeleiteten Schreckensszenarien nicht widerspruchslos nachzuvollziehen. Danach sind für einen Temperaturanstieg mit hoher Wahrscheinlichkeit (größer *90%*) die vom Menschen verursachten Treibhausgase verantwortlich [7,8], dabei an erster Stelle das CO_2.

Bisher gibt es jedoch keine verlässlichen Indizien dafür, in welchem Umfang die von den Menschen verursachten Schadstoffemissionen tatsächlich einen globalen Temperaturanstieg verursachen können. Die Natur produziert in einem erheblichen Maße selber Treibhausgase wie CO_2 oder CH_4, die als Verwesungsprodukte oder aus Erdgasvorkommen freigesetzt werden und in einem natürlichen Gleichgewicht mit Senken für diese Gase stehen. So beträgt der Anteil an CO_2, der über Vulkane und verwesende Pflanzen an die Atmosphäre abgegeben, aber auch über die Ozeane und Pflanzen wieder aufgenommen wird, ca. *720 Mrd. t/Jahr*. Dies ist immerhin ca. das *25-fache* von dem, was derzeit durch Autos, Haushalte, Fabriken oder die Zementindustrie pro Jahr erzeugt wird [9], und annähernd doppelt so viel, wie seit 1850 von Menschenhand produziert wurde.

Ebenso ist nicht klar, welchen Anteil an einer steigenden CO_2- und CH_4-Konzentration die in Sibirien vorkommenden Permafrostböden haben [10]. Es wird geschätzt, dass dort *3.6 Bill. t* an CO_2 gebunden sind, die aber insbesondere bei einer globalen oder auch nur lokalen Temperaturerhöhung teilweise freigesetzt werden könnten und hierdurch möglicherweise eine weitere Erwärmung über den Treibhauseffekt verursachen oder beschleunigen.

Es ist zweifelsfrei, dass Treibhausgase, ob von der Natur freigesetzt oder anthropogen verursacht, einen wesentlichen Einfluss auf das Klima haben. Ohne sie hätte die Erdoberfläche eine Temperatur von nur *-18°C*. Allerdings gibt es bislang erhebliche Diskrepanzen hinsichtlich der jeweiligen Beiträge dieser Gase und der daraus ableitbaren Folgerungen.

1.3 Motivation und Schwerpunkte dieser Arbeit

In komplexen Klimamodellen, die sich zum Teil auf ein um die Erde gelegtes dichtes, dreidimensionales Gitternetz stützen und viele lokale Einflüsse berücksichtigen, wird versucht, den Energiehaushalt der Erde aufwendig nachzubilden [11]. Wesentliche Auswirkungen auf die Energiebilanz hat hierbei die Absorption sowohl des Sonnenlichts wie auch die von der Erde abgegebene IR-Strahlung durch die in der Atmosphäre vorhandenen Gase. Die Klimamodelle stützen sich dabei im Wesentlichen auf parametrisierte Daten von Absorptionsbanden der betrachteten Gase

(*RRTM - rapid radiation transfer model*) [12-14], um hierdurch die Rechnungen zu beschleunigen.[2]

Die Parameter für die *RRTM*-Rechnungen werden einerseits aus der Anpassung an Messdaten [15] und andererseits aus Spektralrechnungen (*LBLRTM - line-by-line radiative transfer model*) [16-18], die sich wiederum zum großen Teil auf Daten der *HITRAN-Datenbank* stützten [19,20], gewonnen. Viele der Ende der 80er bis in die 90er Jahre hinein durchgeführten Rechnungen zum spektralen Absorptionsverhalten von Treibhausgasen waren dabei vor allem ausgerichtet auf die Strahlungsbilanz und Abkühlungsrate in der oberen Atmosphäre [12,13,16,17], da diese Werte mit direkten Messungen (ERBE - clear-sky Earth Radiation Budget Experiment [37,38]) verglichen werden konnten. Diese Daten zum spektralen Absorptionsverhalten bilden z.T. noch heute die Grundlage der wichtigsten bekannten Klimamodelle, auch wenn laufend eine Aktualisierung des *RRTM*-Codes herausgegeben wird [21].

Vor allem aber ist aus den zu dieser Thematik vorliegenden Veröffentlichungen nur schwer nachvollziehbar, ob und wie die gegenseitigen Auswirkungen der Gase auf ihr Absorptionsverhalten, insbesondere das von Wasser auf CO_2 und ebenso auftretende Sättigungseffekte in den *RRTM*- oder *LBLRTM*-Rechnungen und damit in den Klimamodellen hinreichend berücksichtigt sind.

In dieser Arbeit werden daher umfangreiche eigene Rechnungen zur Absorption sowohl des Sonnenlichts wie auch zur Absorption der von der Erde abgegebenen *IR*-Strahlung durch diese Gase vorgestellt. Die Grundlagen hierzu und die Ergebnisse zu den Absorptionsrechnungen sind in Kapitel 2 aufgeführt. Kapitel 3 enthält weitergehende Betrachtungen zur Strahlungsausbreitung in der Atmosphäre auf der Basis des Strahlungstransfer-Modells (Radiation-Transfer-Model: im Weiteren als *RT*-Modell bezeichnet). In Kapitel 4 wird ein Zwei-Lagen-Klimamodell vorgestellt, das neben den Strahlungsbilanzen die Rückstreuung des Sonnenlichts und der Wärmestrahlung an Wolken sowie der Erdoberfläche ebenso wie die Konvektion und Evapotranspiration zwischen Erde und Atmosphäre berücksichtigt. In Kapitel 5 sind die mithilfe des Modells errechneten Erwärmungen der Erdoberfläche zusammengestellt. Hieraus folgt als wesentliches Ergebnis dieser Arbeit die Klimaempfindlichkeit, die angibt, wie stark sich die Temperatur erhöht bei Verdoppelung der

---

[2] In den *RRTM*-Rechnungen wird der betrachtete Gesamtspektralbereich in Bänder unterteilt, die durch weitgehend homogene Strahlungstransfer-Eigenschaften eines oder zweier Gase charakterisiert sind. Für jedes dieser Bänder wird dann eine sogenannte $k(g)$-Verteilung erzeugt, durch die die frequenzabhängigen Absorptionskoeffizienten mit einem Wichtungsfaktor g versehen und entsprechend ihrer Wichtung neu sortiert werden. Jedes Band wird dann durch einen mittleren Wert $k(g_i)$ repräsentiert. Damit sind die Gleichungen zur Berechnung der Strahlungswechselwirkung nicht mehr explizit von der Frequenz abhängig, sondern der Strahlungstransfer für ein spektrales Intervall wird entsprechend der Wichtung dieses Bandes zum Gesamtspektrum durch die $k(g_i)$-Werte angegeben.

1. Vorbemerkungen

derzeitigen CO_2-Konzentration von *380* auf *760 ppm*. Sie wird sowohl für die drei Klimazonen Tropen, Gemäßigte Breiten und Polarregionen getrennt wie global angegeben. Kapitel 6 enthält eine kurze Einordnung der in dieser Arbeit dargestellten Ergebnisse zu anderen Klimamodellen, insbesondere eine Gegenüberstellung zu dem Konzept des Strahlungsantriebs und der daraus abgeleiteten Berechnungen zur globalen Erwärmung.

Da Klimaprognosen maßgeblich bestimmt werden von den in einem jeweiligen Modell berücksichtigten Klimaprozessen sowie den unterschiedlichen Annahmen, Vermutungen oder sogar Spekulationen, wurde in dieser Arbeit besonderer Wert darauf gelegt, die hier getroffenen Voraussetzungen möglichst klar zu definieren und die Vorgehensweise sowohl bei der Berechnung der Spektren als auch bei den Simulationen und dem Vergleich mit anderen Modellrechnungen möglichst transparent zu machen.

Die zur Berechnung der Spektren, des Strahlungstransfers sowie zur Simulation der Erd- und Atmosphärentemperatur eingesetzten Programme wurden an der Professur für Lasertechnik und Werkstoffkunde der Helmut-Schmidt-Universität, Hamburg entwickelt und laufen unter dem Betriebssystem Windows auf einem handelsüblichen Labtop.

Die Spektralberechnungen basieren auf der aktuellen Version der *HITRAN*-*Datenbasis 2008* [20] und sind ebenfalls mit anderen als dem hier vorgestellten Klimamodell einsetzbar.

2. Absorption in der Atmosphäre

Die hauptsächlich in der Atmosphäre vorhandenen Gase N_2 mit 78.08 % sowie O_2 mit 20.95 % tragen zu keiner merklichen Absorption und Ar mit 0.93 % zu gar keiner Absorption bei. Für eine Wechselwirkung mit elektromagnetischer Strahlung sind vor allem H_2O mit Konzentrationen zwischen 0 – 4%, O_3 in größeren Höhen (Stratosphäre bis Tropopause) sowie die Spurengase CO_2 mit 380 ppm und CH_4 mit 1.8 ppm verantwortlich. Weitere in noch niedrigeren Konzentrationen vorkommende Gase wie N_2O, SF_6 oder die FCKW-Gase können hiergegen vernachlässigt werden.

In diesem Abschnitt wird die Vorgehensweise zur Berechnung der Absorptionsspektren sowie der Einfluss und Anteil von Wasserdampf, Kohlenstoffdioxid, Methan und Ozon an der Gesamtabsorption dargestellt. Zunächst wird hierzu auf die Absorption des Sonnenlichts in der Atmosphäre (kurzwellige Strahlung) eingegangen, ehe dann die Absorption der von der Erde ausgehenden Infrarotstrahlung in der Atmosphäre (langwellige Strahlung) behandelt wird. Für die Absorption von kurzwelligem Sonnenlicht durch Ozon wird kein Linienspektrum, sondern eine vollständige Absorption des Lichts für Wellenlängen unterhalb von 320 nm angesetzt.

2.1 Sonnenspektrum

Ausgangspunkt ist das Planck'sche Strahlungsgesetz für Schwarzkörperstrahlung, das sich für die spektrale Intensität I_λ^S als Funktion der Wellenlänge schreiben lässt als [22]:

$$I_\lambda^S = \frac{2\pi h c^2}{\lambda^5} \frac{1}{e^{\frac{hc}{kT\lambda}} - 1} \qquad (2.1)$$

mit $h = 6.6262 \cdot 10^{-34}\ Ws^2$ als Planck'sches Wirkungsquantum,
$c = 2.99792 \cdot 10^8\ m/s$ als Lichtgeschwindigkeit,
$k = 1.38062 \cdot 10^{-21}\ J/K$ als Boltzmann-Konstante
und T als absolute Temperatur, für die an der Sonnenoberfläche $T = 5778\ K$ gilt. Wird I_λ^S mit der Sonnenoberfläche $\pi \cdot D_S^2$ ($D_S = 1.3914 \cdot 10^6\ km$ – Sonnendurchmesser) multipliziert, ergibt sich hieraus die von der Sonne abgestrahlte spektrale Leistung P_λ^S. Die spektrale Intensität I_λ^E, die beim Eintritt in die Erdatmosphäre vorliegt und im Folgenden besonders interessiert, folgt dann durch Division von P_λ^S durch eine Fläche, die der Oberfläche einer Kugel mit dem Radius L entspricht, wenn L der Abstand zwischen Sonne und Erde mit $L = 149.6 \cdot 10^6\ km$ ist:

$$I_\lambda^E = \frac{2\pi h c^2}{\lambda^5} \frac{1}{e^{\frac{hc}{kT\lambda}} - 1} \frac{D_S^2}{4 L^2} \qquad (2.2)$$

2. Absorption in der Atmosphäre

Die Integration von Gl.(2.2) über den gesamten Spektralbereich liefert die Solarkonstante $E_S = 1{,}36670\ kW/m^2$.

Abb. 2.1 zeigt die nach Planck berechnete spektrale Intensität I_λ^E der Sonnenstrahlung beim Eintritt in die Atmosphäre als Funktion der Wellenlänge mit einem Maximum im grünen Spektralbereich (Oberflächentemperatur der Sonne: $5.505\ °C = 5778\ K$).

Um den Anteil des Sonnenlichts ermitteln zu können, der in der Atmosphäre absorbiert wird und andererseits die Atmosphäre transmittiert, um von der Erdoberfläche teils reflektiert und teils absorbiert zu werden, muss das spektrale Absorptionsvermögen der in der Atmosphäre enthaltenen Gase genauer betrachtet werden.

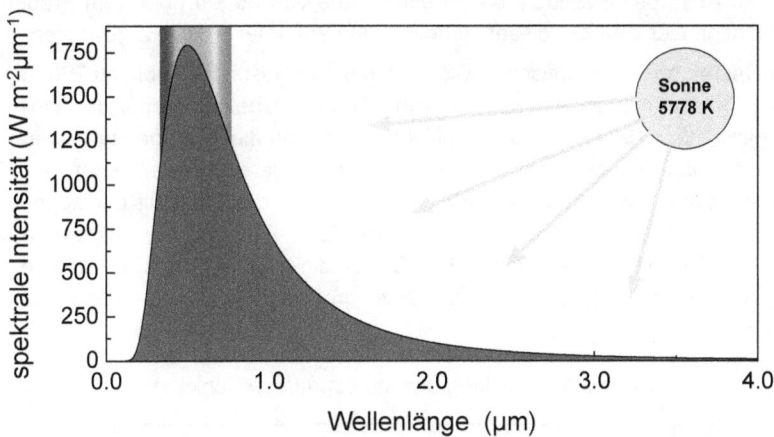

Abb. 2.1: Spektrale Intensität der Sonne als Funktion der Wellenlänge.

2.2 Absorption des Sonnenlichts in der Atmosphäre

Die Absorption durch die in der Atmosphäre vorkommenden Gase wird mit Hilfe des Programms *MolExplorer* [23] berechnet, das auf die *HITRAN-Datenbank 2008* [20] mit den gespeicherten spektroskopischen Daten aller relevanten Gase in der Atmosphäre zurückgreift und hieraus die Absorption über den in der Atmosphäre zurückgelegten Weg ermittelt.

2.2.1 Atmosphärische Druck- und Temperaturänderungen

Da sich mit der Höhe $h(z)$ über dem Erdboden und damit über den Weg z durch die Atmosphäre der Druck p und die Temperatur T ändern, die empfindlich das spektrale Absorptionsverhalten von Gasen mitbestimmen, ergibt sich die resultierende optische Dicke $\kappa(\lambda, L)$ aus dem Absorptionskoeffizienten $\alpha_{\eta\eta'}^i(\lambda, p, T)$ für den Übergang $\eta \rightarrow \eta'$ in dem Gas i, integriert über die Ausbreitungslänge L und dies summiert über alle Übergänge und Gase:

2. Absorption in der Atmosphäre

$$\kappa(\lambda, L) = \sum_n \int_0^L \alpha^i_{\eta\eta'}(\lambda, p(h), T(h)) \, dz \cdot \tag{2.3}$$

Gl. (2.3) wird numerisch gelöst, indem der resultierende Absorptionskoeffizient als Summe aller Übergänge und Gase, hier repräsentiert durch den Summationsindex n, für eine atmosphärische Schicht der Dicke Δh in der Höhe h bei der entsprechenden Temperatur, dem Gesamtdruck und den Partialdrücken in dieser Höhe multipliziert wird mit dem Wegintervall ΔL des Lichtes in dieser Schicht und schließlich über alle Schichten aufsummiert wird. Zur Berechnung des Absorptionskoeffizienten eines Gases siehe *Anhang A*.

Es werden Absorptionsverluste bis zu einer Höhe von *86 km* über dem Erdboden berücksichtigt. Der Druck in dieser Höhe ist dann auf unter *0.01 hPa* gesunken.

Für die Rechnungen zur optischen Dicke wird die Atmosphäre in bis zu 228 Lagen unterteilt. In der unteren Atmosphäre von *0 - 11 km* beträgt dabei die minimale Schichtdicke Δh = *100 m*, in größeren Höhen, in denen die Beiträge zur Gesamtabsorption deutlich kleiner ausfallen, erfolgt eine gröbere Unterteilungen, um Rechenzeiten kürzer zu halten. So wird zwischen *11* und *20 km* mit der doppelten, zwischen *20* und *32 km* mit der vierfachen, von *32 – 47 km* mit der achtfachen und von *47 – 86 km* mit der sechzehnfachen Schichtdicke gerechnet. Eine weitere Beschleunigung kann erfolgen durch Wahl einer größeren Minimalschichtdicke (siehe Tabelle 2.1).

Tabelle 2.1: Einteilung der Atmosphäre in Schichten

Höhe (km)	0 – 11	11 – 20	20 – 32	32 – 47	47 – 86	Schicht
	0.1	0.2	0.4	0.8	1.6	228
layer	0.25	0.5	1.0	2.0	4.0	92
thickness	0.5	1.0	2.0	4.0	8.0	46
(km)	1.0	2.0	4.0	8.0	16.0	23
	2.0	4.0	8.0	16.0	32.0	12

Für die mit steigender Höhe beobachtbare Druck- und Temperaturabnahme wird ausgegangen von dem Standard-Atmosphärenmodell [24]. Danach werden als globale mittlere Werte auf Meereshöhe h_0 festgelegt:

Lufttemperatur T_0 = *288.15 K (15 °C)*,   Luftdruck p_0 = *1013.25 hPa*,

mit einer Temperatur- und Druckänderung entsprechend Tabelle 2.2.

Die Temperatur als Funktion der Höhe lässt sich dann angeben als:

$$T(h) = T(h_0) - c \cdot (h - h_0). \tag{2.4}$$

2. Absorption in der Atmosphäre

Tabelle 2.2: Temperatur- und Druckänderungen nach dem Standard Atmosphärenmodell

Höhe (km)	0 – 11	11 – 20	20 – 32	32 – 47	47 – 86
$c = -\Delta T/\Delta h$ (K/km)	6.5	0.0	-1.0	-2.8	2.145
p (hPa)	1013.25 – 226.32	226.32 – 54.75	54.75 – 8.68	8.68 – 1.10	1.10 – 3.73·10⁻³
Profil	Gl. 2.7	Gl. 2.8	linear	linear	linear

Hieraus ergibt sich eine Temperatur von *216.65 K* in *11.000 m* Höhe. Da die Bodentemperaturen T_{Boden} in den unterschiedlichen Klimazonen stark variieren (in den Tropen *26°C = 299.15 K*, in den Gemäßigten Breiten *8°C = 281.15 K* und in den Polargebieten *-7°C = 266.15 K*), sich jedoch bis *11 km* Höhe im Wesentlichen angeglichen haben, wird abweichend von der Standardatmosphäre für jede Zone individuell eine leicht modifizierte Temperaturabnahme angesetzt entsprechend:

$$T^Z(h) = T^Z_{Boden} - \frac{T^Z_{Boden} - 216.65K}{11.000\,m} h \quad (2.5)$$

mit einer Temperaturänderung ΔT pro Höhenintervall Δh von

$$c = -\frac{\Delta T}{\Delta h} = \frac{T^Z_{Boden} - 216.65K}{11.000\,m}. \quad (2.6)$$

Mit dieser Temperaturvariation, die jeweils durch einen spezifischen Koeffizienten *c* für eine Klimazone und einen entsprechenden Höhenbereich gekennzeichnet ist, wird die Druckänderung als Funktion der Höhe für $c \neq 0$ beschrieben durch

$$p(h) = p(h_0)\left(1 - \frac{c(h-h_0)}{T(h_0)}\right)^{\frac{M \cdot g}{R \cdot c}}, \quad (2.7)$$

mit *M = 0.02896 kg/mol* als molare Masse der Atmosphäre, *g = 9.807 m/s²* als Erdbeschleunigung und *R = 8.314 J/K/mol* als universale Gaskonstante.

Für den Fall *c = 0* wird die Barometrische Höhenformel

$$p(h) = p(h_0)\, e^{-(h-h_0)/H_S} \quad (2.8)$$

verwendet mit H_S = *6.3421 km* als Skalenhöhe bei einer Anfangshöhe h_0 = *11 km*. Für größere Höhen von *20* bis *86 km* wird von einer linearen Druckänderung ausgegangen.

2.2.2 Wasserdampfkonzentration in der Atmosphäre

Während die Konzentration der meisten Gase über die Atmosphäre als konstant angesetzt werden kann, sind deutliche Abweichungen hiervon für O_3 und Wasserdampf festzustellen. Ozon kommt mit unterschiedlichen Konzentrationen zwischen *12* und *50 km* Höhe vor. Da hierfür aber ohnehin eine vollständige Absorption für Wellenlängen unterhalb von *320 nm* angenommen wird, spielt eine höhenabhängige Verteilung im Weiteren keine Rolle. Der Wasserdampf dagegen kommt i. W. nur in der Troposphäre bis zu *11 km* Höhe vor und hängt in seiner Konzentration stark von der Temperatur ab, die sich einerseits mit der Höhe über dem Erdboden verändert (siehe Tabelle 2.2), aber auch wesentlich mit der geographischen Breite variiert.

So beträgt die mittlere Jahrestemperatur in den Tropen (*30° n.Br. – 30° s.Br.*) ca. *26°C*, in den gemäßigten Breiten (*30 – 60° n. und s.Br.*) *8°C* und für die Polregionen (*> 60° n. und s.Br.*) etwa *-7°C*. Hierdurch unterscheidet sich auch der Sättigungsdampfdruck und damit die Aufnahme von Wasser in der Atmosphäre für diese drei Regionen erheblich.

Aufgrund des in verschiedenen Regionen gemessenen integralen Wassergehalts in der Atmosphäre, wie er aus GPS-Messungen ermittelt werden kann [25], und der jeweiligen mittleren Temperatur einer Region ergibt sich unter Berücksichtigung des temperaturabhängigen Dampfdrucks und der Druckabnahme mit der Höhe der in Abb. 2.2 dargestellte Verlauf, dies aufgeschlüsselt nach den drei Regionen. Die schwarzen Graphen repräsentieren den jeweiligen Sättigungsdampfdruck, die blauen Kurven den unter Berücksichtigung der relativen Luftfeuchtigkeit (lila Graphen) errechneten Wasserdampf-Partialdruck. Zur Ermittlung des Wasserdampfdrucks als Funktion der Höhe über dem Erdboden siehe *Anhang B* und Ref. 26.

2.2.3 Absorptionsspektren von H_2O, CO_2 und CH_4

Für die Berechnung der Absorption des Sonnenlichts in der Atmosphäre wird ein Spektralbereich von *0.1 – 8 µm* zugrunde gelegt.

a) Linienzahl

In diesem Bereich liegen *60.994* Wasserlinien, *262.104* Methanlinien und *234.210* Kohlenstoffdioxidlinien. Exakte Rechnungen mit diesen über *500.000* Linien geben gegenüber vereinfachten Rechnungen, in denen nur die häufigsten Isotopologe und Linien mit einer Mindest-Spektralintensität von größer 10^{-24} *cm/Molekül* berücksichtigt werden, lediglich eine um *0.2%* erhöhte Gesamtabsorption. Da diese ohnehin kleine Korrektur als „offset" für die weiteren Betrachtungen zur Ermittlung der Klimaempfindlichkeit von CO_2 keine Rolle spielt, werden die überwiegenden Rechnungen für jeweils das häufigste Isotop und für spektrale Intensitäten größer 10^{-24} *cm/Molekül* durchgeführt. Für CO_2 ergeben sich dann für den spezifizierten Spektralbereich *4421* Linien, für CH_4 *46208* Linien und für H_2O *9565* Linien.

2. Absorption in der Atmosphäre

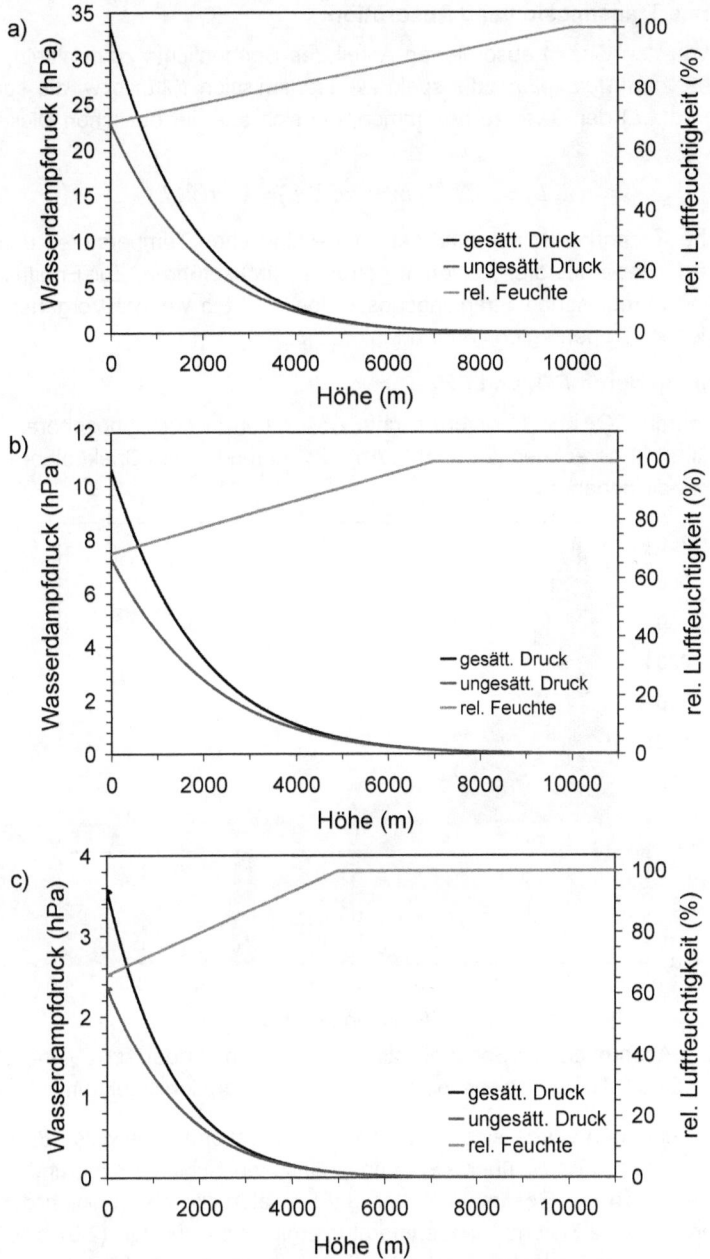

Abb. 2.2: a) Wasserdampfkonzentration in den Tropen b) in den gemäßigten Breiten und c) in den Polregionen als Funktion der Höhe.

2. Absorption in der Atmosphäre

b) Spektrale Transmission und Absorption

Um den von den Gasen absorbierten Anteil des Sonnenlichts zu ermitteln, ist zunächst über den *MolExplorer* die spektrale Transmission $t(\lambda,L)$ bzw. die spektrale Absorption $a(\lambda,L)$ der Gase zu bestimmen, die sich aus der optischen Dicke ergeben als:

$$t(\lambda, L) = e^{-\kappa(\lambda,L)} \quad \text{bzw.} \quad a(\lambda, L) = 1 - t(\lambda, L). \tag{2.9}$$

Eine solche Rechnung ist aufgrund der unterschiedlichen Temperaturen und Wassergehalte für jede der drei Regionen getrennt durchzuführen. Zur Ermittlung der solaren und terrestrischen Strahlungsabsorption wird die weitere Vorgehensweise am Beispiel der Tropenregion näher erläutert.

c) Absorption durch CO_2 und CH_4

Eine nur durch CO_2 und CH_4 verursachte Absorption in der Atmosphäre, wie sie sich mit Gl. (2.9) berechnen lässt, ist in Abb. 2.3 unten für den Spektralbereich von *0 – 4 µm* wiedergegeben.

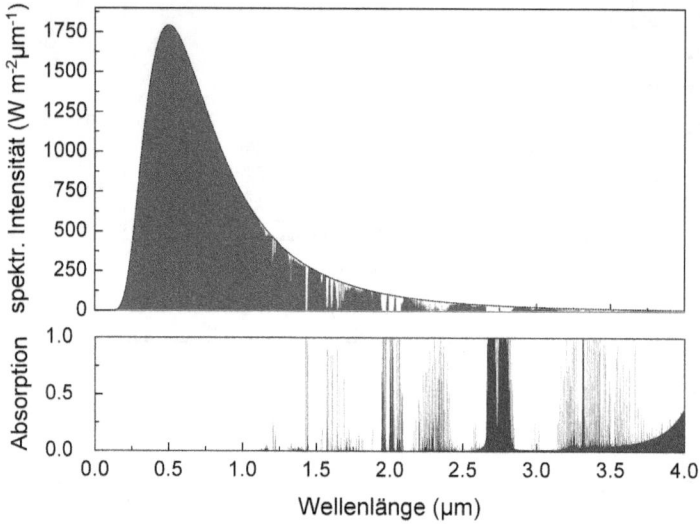

Abb. 2.3: Absorption des Sonnenlichts in den Tropen nur durch CO_2 und CH_4: Oben: Transmissionsspektrum, Unten: Absorptionsspektrum

Für die Rechnungen wurde eine konstante Konzentration von jeweils *380 ppm* für CO_2 und *1.8 ppm* für CH_4 über alle atmosphärischen Schichten zugrunde gelegt. Dabei ändern sich der Gesamtdruck und die Partialdrücke als Funktion der Höhe entsprechend Gl. (2.7), und die Temperatur ergibt sich aus Gl. (2.5) bzw. (2.6), ausgehend von der Bodentemperatur in den Tropen mit *299.15 K*, die sich dann schrittweise bis in *11 km* Höhe dem Standardwert von *216.65 K* in dieser Höhe annähert.

2. Absorption in der Atmosphäre

d) Schichtenzahl

Für die Ermittlung der gesamtoptischen Dicke nach Gl. (2.3) wurde zunächst der Weg durch die Atmosphäre in 228 Schichten (minimale Schichtdicke – *100 m*) unterteilt und für jede dieser Schichten der Verlauf des Absorptionskoeffizienten über den Spektralbereich berechnet. Eine Vergleichsrechnung mit einer fünffach niedrigeren Höhenauflösung und Aufteilung der Atmosphäre in nur 46 Schichten liefert bis zu zwei Stellen hinter dem Komma identische Resultate. Daher wurde die überwiegende Zahl von Rechnungen für den kurzwelligen Bereich mit der geringeren Höhenauflösung (minimale Schichtdicke *500 m*) durchgeführt. Für Abb. 2.3 ist senkrechter Strahlungseinfall (Elevationswinkel = *-90°*) zugrunde gelegt.

e) Spektrale Auflösung

Für einen Gesamtüberblick wurde das in Abb. 2.3 dargestellte Spektrum mit 32.768 Kanälen berechnet. Dies entspricht einer spektralen Auflösung von knapp *0.12 nm/Kanal* und ist für die typischen Linienbreiten, vor allem für den kurzwelligen Teil des Spektrums, normal nicht ausreichend, da eine einzelne oder auch mehrere Linien über deren Linienbreiten nur durch einen oder wenige Kanäle dargestellt werden können. Dennoch wird durch die Berechnung der jeweiligen Linienmaxima, wie sie durch den *MolExplorer* erfolgt, ebenso wie durch die Überlagerung der Linien und deren Nachbildung bis weit in die Linienflanken der Gesamtverlauf der Absorption bereits recht gut wiedergegeben.

Um aber den Einfluss der betrachteten Gase und deren Anteil an der Absorption möglichst verlässlich erfassen zu können, wurden die eigentlichen Rechnungen zur Ermittlung der Gesamtabsorption über ein erweitertes Spektralintervall von *0.1 – 8 μm* und mit deutlich höherer spektraler Auflösung vorgenommen. Hierzu wird der Gesamtspektralbereich, beginnend bei 0.583 μm (unterhalb dieser Wellenlänge treten für die betrachteten Gase keine Absorptionslinien auf), bis *8 μm* in 32 spektrale Unterfenster unterteilt (Tabelle 2.3).

Jedes Fenster der Breite $\Delta\lambda$ ist so bemessen, dass bei einer Kanalzahl von *16384* Kanälen auf der kurzwelligen Seite des Spektrums noch eine Frequenz-Auflösung von $\delta v \approx$ *1 GHz* gegeben ist. Dies wurde so gewählt, da die typischen Halbwertsbreiten von Absorptionslinien der betrachteten Gase unter Normalbedingungen einige *GHz* betragen. Die Schrittweite $\delta\lambda$ auf der Wellenlängenskala ergibt sich dann über den Zusammenhang:

$$\delta\lambda = \lambda_K^2 \cdot \delta v / c \,. \tag{2.10}$$

Hierin ist λ_K die Wellenlänge auf der kurzwelligen Seite eines Fensters und c die Lichtgeschwindigkeit.

Das Linienprofil für jeden einzelnen Absorptionsübergang wird, sofern eine ausreichende spektrale Auflösung gegeben ist, normal vom Programm automatisch ermittelt, abhängig vom Druck und der Temperatur in der jeweiligen Höhenschicht, und dementsprechend die Berechnung mit einem Lorentz-, Voigt- oder Gaußprofil vorgenommen (siehe *Anhang A* und Ref. 23).

Tabelle 2.3: Aufteilung des Gesamtspektrums in Unterfenster

Fenster	λ_K (µm)	$\Delta\lambda$ (µm)	$\delta\lambda$ (nm)	$\delta\nu$ (GHz)
1	0.583	0.018	0.001099	0.97
2	0.601	0.019	0.001160	0.96
3	0.62	0.02	0.001221	0.95
4	0.64	0.022	0.001343	0.98
5	0.662	0.024	0.001465	1.00
6	0.686	0.026	0.001587	1.01
7	0.712	0.028	0.001709	1.01
8	0.74	0.03	0.001831	1.00
9	0.77	0.032	0.001953	0.99
10	0.802	0.035	0.002136	1.00
11	0.837	0.038	0.002319	0.99
12	0.875	0.042	0.002563	1.00
13	0.917	0.046	0.002808	1.00
14	0.963	0.05	0.003052	0.99
15	1.013	0.056	0.003418	1.00
16	1.069	0.062	0.003784	0.99
17	1.131	0.069	0.004211	0.99
18	1.2	0.078	0.004761	0.99
19	1.278	0.089	0.005432	1.00
20	1.367	0.102	0.006226	1.00
21	1.469	0.117	0.007141	0.99
22	1.586	0.136	0.008301	0.99
23	1.722	0.16	0.009766	0.99
24	1.882	0.192	0.011719	0.99
25	2.074	0.233	0.014221	0.99
26	2.307	0.288	0.017578	0.99
27	2.595	0.364	0.022217	0.99
28	2.959	0.473	0.028870	0.99
29	3.432	0.568	0.034668	0.88
30	4.0	0.8	0.048828	0.92
31	4.8	1.2	0.073242	0.95
32	6	2	0.122070	1.02

In größeren Höhen, wenn die Linien aufgrund der reduzierten Druckverbreiterung

2. Absorption in der Atmosphäre

eine Linienbreite von $6 \cdot \delta\lambda$ unterschreiten, wird für die Linienform vereinfacht ein Lorentzprofil zugrunde gelegt, durch das einerseits noch Absorptionen in den Flanken weit entfernt vom Linienzentrum berücksichtigt werden, gleichzeitig aber das Maximum einer Linie über eine empirisch ermittelte Formel errechnet wird, so dass das Linienmaximum dem der realen Linie entspricht.

f) Transmittiertes Spektrum für CO_2 und CH_4

Die transmittierte spektrale Intensität des Sonnenlichts von $0 - 4$ µm, die bis zur Erdoberfläche vordringt, ist in Abb. 2.3 oben wiedergegeben. Sie ergibt sich durch Multiplikation der Planck'schen Strahlungskurve entsprechend Gl. (2.2) und Abb. 2.1 mit der spektralen Transmission $t(\lambda, L)$.

Die Absorption auf den CO_2- und CH_4-Linien ist erkennbar anhand der kleinen Einbrüche im Spektrum und macht sich in diesem Fall insgesamt mit 2.45 % bemerkbar, wobei CO_2 bei der zugrunde gelegten Konzentration von 380 ppm allein einen Anteil von 2.24 % und CH_4 mit 1.8 ppm 0.22 % beisteuern. Diese Werte errechnen sich als Gesamtabsorption a aus dem Integral über das Eingangsspektrum (Planck'sche Kurve), minus dem Integral über das jeweilige transmittierte Spektrum und dies normiert auf das Eingangsspektrum:

$$a = \frac{\int_0^\infty I_\lambda d\lambda - \int_0^\infty I_\lambda \cdot t(\lambda, L) d\lambda}{\int_0^\infty I_\lambda d\lambda} \times 100 = \frac{\int_0^\infty I_\lambda \cdot a(\lambda, L) d\lambda}{\int_0^\infty I_\lambda d\lambda} \times 100 \cdot \quad (2.11)$$

g) Spektrum mit H_2O

Deutlich veränderte Verhältnisse liegen vor bei Berücksichtigung des Wasseranteils in der Atmosphäre. Abb. 2.4 zeigt das Absorptions- und Transmissionsspektrum mit einem zusätzlichen Wasserdampfanteil von 2.29% (23.2 hPa) am Boden, wie er in Tropengebieten zu berücksichtigen ist. Für die Änderung des Wasserdampfs mit der Höhe wurde von dem in Abb. 2.2a dargestellten Verlauf ausgegangen und für den Strahlungseinfall senkrechte Inzidenz angenommen.

Die Gesamtabsorption steigt unter diesen Gegebenheiten auf 13.74% an, von der das Wasser allein einen Anteil von 13.10% und zusammen mit Methan 13.22% beisteuert.

h) Überlappung der Absorptionsbanden

Der Anteil von CO_2 und CH_4 macht sich jetzt nur noch zu etwa einem Viertel gegenüber der alleinigen Absorption (ohne Anwesenheit von Wasserdampf 2.45%) bemerkbar. Dies ist darauf zurückzuführen, dass sich deren Banden mit denen des Wassers stark überlagern. Nur die Differenz von 0.52% (13.74% - 13.22%), also nicht einmal 4% der Gesamtabsorption sind dabei dem Kohlenstoffdioxid zuzuschreiben.

2. Absorption in der Atmosphäre

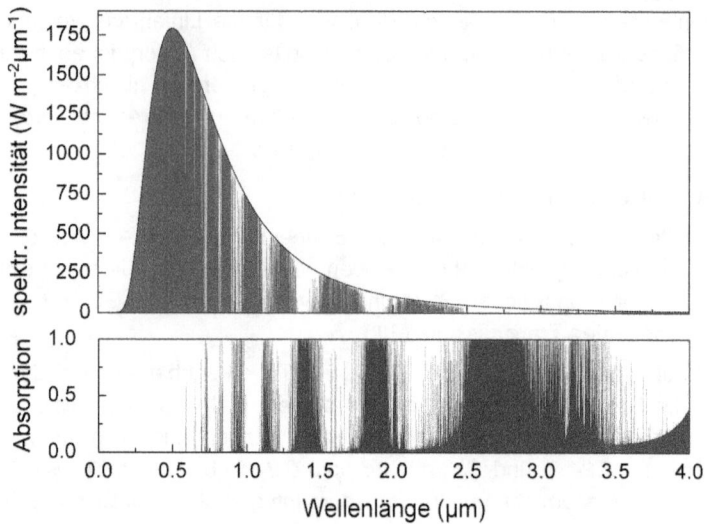

Abb. 2.4: Absorption des Sonnenlichts durch H_2O, CO_2 und CH_4 in den Tropen: Oben: Transmissions-, unten: Absorptionsspektrum.

Vielmehr führt eine Erhöhung oder Absenkung der Wasserdampf-Konzentration zu einer wesentlich stärkeren Änderung in der Absorption und der damit freiwerdenden Wärme in der Atmosphäre. Gleichzeitig verändert sich der auf den Boden treffende und in die Erde eingekoppelte Anteil der Strahlung entsprechend gegenläufig.

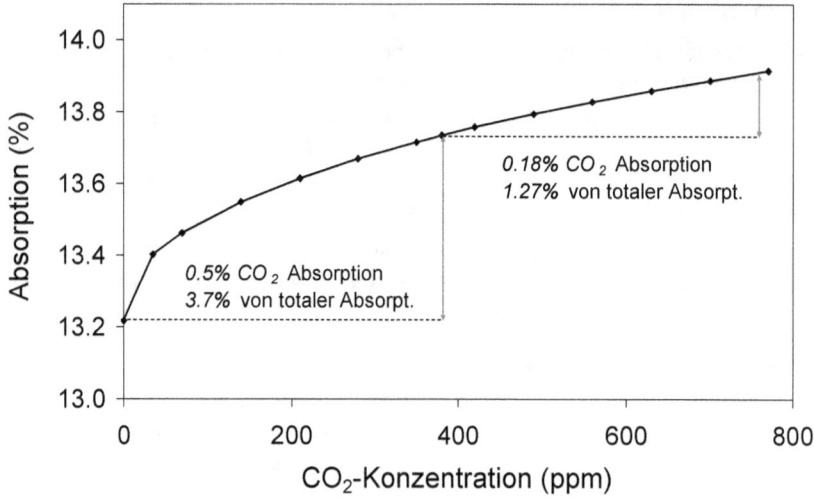

Abb. 2.5: Absorption von Sonnenlicht in tropischen Gebieten für 2.29% H_2O und 1.8 ppm CH_4 als Funktion der CO_2–Konzentration.

2. Absorption in der Atmosphäre

Eine Direktaufheizung der Atmosphäre durch CO_2-Absorption tritt also gegenüber dem Wasserdampf stark in den Hintergrund.

i) Sättigungsverhalten von CO_2

Weiterhin ist ein deutliches Sättigungsverhalten auf den starken Absorptionsbanden von CO_2 zu beobachten, so dass bei einer weiteren Erhöhung der CO_2-Konzentration die Absorption auf diesen Banden weit unterproportional ansteigt. Dies wird ersichtlich aus Abb. 2.5, in der die Absorption für Tropengebiete bei senkrechtem Strahlungseinfall als Funktion der CO_2-Konzentration in der Atmosphäre dargestellt ist. Bei einer Verdopplung des CO_2-Anteils von *380* auf *760 ppm* steigt die Absorption nur noch um *0.18%* an und trägt damit nur noch knapp *1.3%* zur Gesamtabsorption bei.

j) Absorptionsweg in der Atmosphäre

Für die Berechnung der Absorptionsspektren in Abb. 2.3 und 2.4 wurde bisher der Sonderfall zugrunde gelegt, dass die einfallende Strahlung senkrecht auf die Atmosphäre trifft und damit die resultierende Absorptionslänge gleich der Atmosphärendicke ist. Für die Erde als Kugel gilt dies aber nur für den Ort, der sich im Zenith der Sonne befindet, für alle anderen Positionen ändert sich der zurückgelegte Weg in der Atmosphäre mit dem Einfallswinkel (siehe Abb. 2.6).

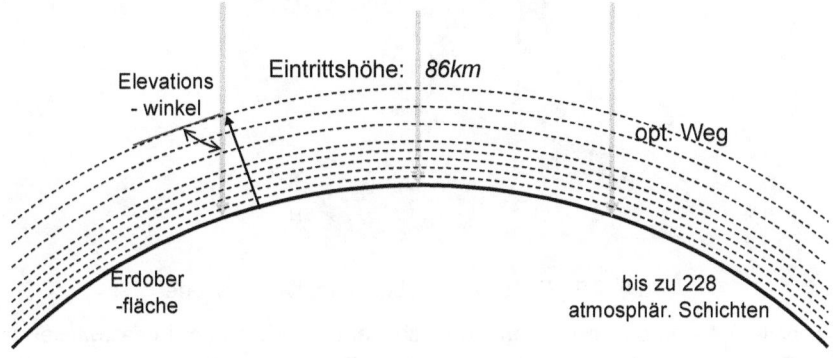

Abb. 2.6: Geometrie zur Berechnung des optischen Weges durch die Atmosphäre.

Im *MolExplorer* wird diesem Umstand dadurch Rechnung getragen, indem abhängig von der Geometrie der tatsächliche Weg ermittelt wird, und dies aufgeschlüsselt für die individuellen Höhenschichten, die der Strahl durchläuft, ehe er den Boden erreicht. Hierzu ist im Programm die Eintrittshöhe in die Atmosphäre (Starthöhe = *86 km*), der Elevationswinkel und die Ausbreitungslänge, bis der Strahl den Boden erreicht, einzugeben.

2.2.4 Die Erde als Bucky Ball

Um den Einfluss der Eintrittswinkel zur Atmosphäre und damit der entsprechenden Absorptionswege auf die Gesamtabsorption mit zu erfassen, andererseits aber auch die Zahl der hiermit verbundenen Berechnungen von Spektren zu begrenzen, wird die Erde als abgestumpftes Ikosaeder – auch bekannt als Bucky Ball – dargestellt, das aus 12 Fünfeck- und 20 Sechseckflächen besteht (Abb. 2.7).

Mit der Festlegung, dass die Sonne senkrecht zu dem zentral dargestellten Fünfeck einfallen möge (Einfallswinkel zur Fläche ist *90°*), ergibt sich die in Abb. 2.7 dargestellte Aufteilung der Flächen mit ihren jeweiligen Winkeln zur Sonne. Ebenfalls ist die Zuordnung der Flächen zu den drei Regionen farblich gekennzeichnet (Tropen – grün; gemäßigte Breiten – hellblau; Polregionen – weiß). *H* steht für Hexagonal- und *P* für Pentagonalfläche. Die Prozentangaben spezifizieren, zu welchem Teil die Flächen einer Klimazone zuzurechnen sind. Aufgrund der Perspektive sind nicht alle den Polregionen zuzuordnenden Flächen in Abb. 2.7 sichtbar.

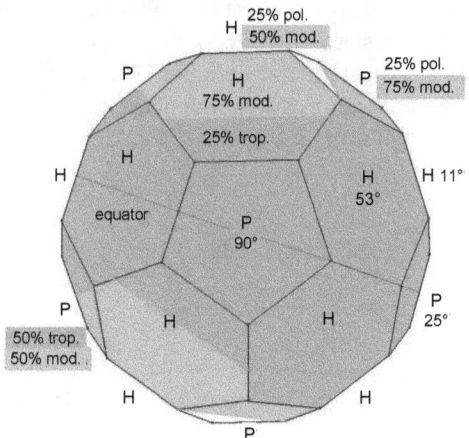

Abb. 2.7: Die Erde als abgestumpftes Ikosaeder.

In Tabelle 2.4 sind die resultierenden Flächenanteile, die einem Einfallswinkel und einer Region zuzuordnen sind, in Einheiten der Pentagonal(*P*)- bzw. Hexagonal(*H*)-Flächen zusammengestellt.

Tabelle 2.4: Winkel und Zuordnung der Ikosaederflächen zu den Klimaregionen.

Einfallswinkel	90° – P	52.9° – H	25.5° – P	11.6° – H	Fläche (Mm^2)
tropic	1.0	3.5	2.0	1.5	**127.8**
mod. zones	–	1.5	2.5	2.5	**103.5**
polar zones	–	–	0.5	1	**24.4**
atmosph. Weg (*km*)	86	108.2	206	535.1	**Σ 255.8**

2. Absorption in der Atmosphäre

Ebenso ist der Weg durch die Atmosphäre aufgeführt, den die Strahlung beim Einfall auf die jeweilige Fläche bis zum Erdboden zurückzulegen hat. Die letzte Spalte weist die einer Zone zugeordnete bestrahlte Gesamtfläche entsprechend der vorgenommenen Aufteilung aus. Die Summe entspricht der halben Erdoberfläche.

Die Pentagonal- und Hexagonalflächen des Bucky Balls berechnen sich über den Erdradius R_E, der mit 6371 km angesetzt wird, zu:

$$A_P = \frac{(0.4166 \cdot R_E)^2}{4} \sqrt{25 + 10\sqrt{5}}$$

$$A_H = \frac{3\sqrt{3}}{2}(0.4166 \cdot R_E)^2$$
(2.12)

Dabei ist die Kantenlänge eines Pentagons oder Hexagons gegeben durch k = $0.4166 \cdot R_E$. Für die Berechnung der einfallenden Sonnenleistung auf ein Flächenelement ist zu berücksichtigen, dass nur die jeweilige Projektionsfläche hierzu beiträgt.

2.3 Terrestrische Wärmestrahlung

Die Atmosphäre und die Erde stellen ihrerseits jeweils Strahlungsquellen dar, die im Gleichgewicht ihre aufgenommene Energie vor allem über langwellige Strahlung im infraroten Spektralbereich wieder an die Umgebung abgeben können. Die in der Atmosphäre und an der Erdoberfläche absorbierte Solarenergie wird dabei in Wärme umgesetzt und als Wärmestrahlung wieder freigesetzt.

2.3.1 Treibhauseffekt

So strahlen die Atmosphäre und die Erde mit Temperaturen zwischen *-20°C* und *+30°C* als Planck'sche Strahler entsprechend Gl. (2.1) vornehmlich in einem Wellenlängenbereich von *3-60 μm* (Wärmestrahlung). Die von der Erde ausgehende Strahlung kann dabei zu einem erheblichen Teil von den infrarotaktiven Gasen wie Wasser, Kohlenstoffdioxid, Methan und Ozon absorbiert werden und führt somit auch zur weiteren atmosphärischen Aufheizung. Andererseits wird die von der Atmosphäre ausgehende Wärmestrahlung zu einem Teil ins All abgegeben, der andere Teil ist in Richtung Erde gerichtet und trägt zu deren zusätzlicher Erwärmung bei (siehe Abb. 2.8).

In diesem Zusammenhang wird einschließlich der an Wolken reflektierten und absorbierten Strahlung gerne vom Treibhauseffekt gesprochen, da die von der Erde ausgehende Wärmestrahlung hierdurch – ähnlich wie durch die Scheiben eines Gewächshauses – zumindest teilweise zurückgehalten wird. Der Anteil, der durch die natürlich bedingten Konzentrationen der Gase H_2O, CO_2, CH_4 oder O_3, die deshalb auch als Treibhausgase bezeichnet werden, verursacht wird, ist dementsprechend dem natürlichen Treibhauseffekt zuzuordnen. Es stellt sich ein Gleichgewicht zwischen einfallender und ins All wieder entweichender Strahlung ein und ist zusammen mit der Direktaufheizung der Atmosphäre dafür verantwortlich, dass sich die mittlere Erdtemperatur bei *15°* eingependelt hat und nicht auf *−18°* abgesunken ist.

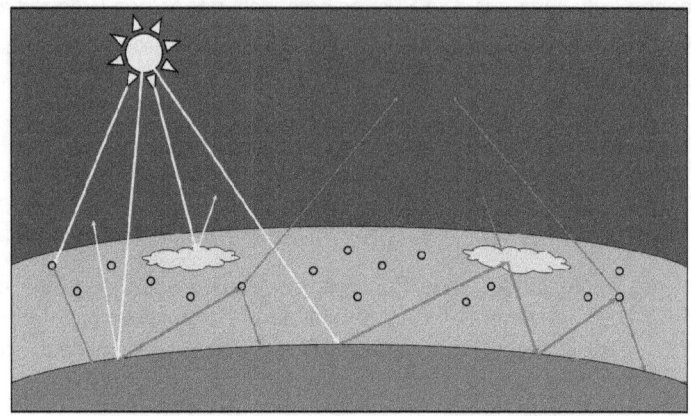

Abb. 2.8: Zum Treibhauseffekt der Atmosphäre.

Der durch den Menschen verursachte Anstieg vor allem von CO_2 und CH_4, der damit das natürliche Gleichgewicht verändert, wird als anthropogener Treibhauseffekt bezeichnet. Die Auswirkungen dieses Anteils genauer zu quantifizieren und insbesondere den Einfluss des sogenannten 'Killergases' CO_2 dabei zu erfassen, ist das Hauptanliegen dieser Arbeit.

Für eine detaillierte Bilanz ist daher insbesondere die in der Atmosphäre reabsorbierte Wärmestrahlung durch die Treibhausgase genauer zu betrachten.

2.3.2 Die Erde als Planck'scher Strahler

Für eine mittlere Oberflächentemperatur von *26°C*, wie sie in den Tropen vorliegt, ergibt sich mit Gl. (1) die in Abb. 2.9 dargestellte spektrale Intensitätsverteilung, die ihr Maximum bei einer Wellenlänge von *10µm* hat und sich deutlich weiter in den infraroten Bereich erstreckt als die Sonnenstrahlung, aber auch eine deutlich niedrigere Intensität besitzt.

Um die Absorption der von der Erde ausgehenden Wärmestrahlung in der Atmosphäre zu berechnen, wird in analoger Weise vorgegangen wie in Abschnitt 2.2.

2.3.3 Berechnung der Absorptionsspektren

Die Atmosphäre wird für die folgenden Rechnungen in 228 Schichten (siehe Tabelle 2.1) unterteilt und mit Hilfe des *MolExplorers* die optische Dicke für jede Schicht, abhängig von den Partialdrücken, dem Gesamtdruck, der Temperatur und dem zurückgelegten Weg in der Schicht berechnet. Summation über alle Schichten liefert die gesamtoptische Dicke, über die mittels Gl. (2.9) und (2.11) die resultierende Absorption ermittelt werden kann.

2. Absorption in der Atmosphäre

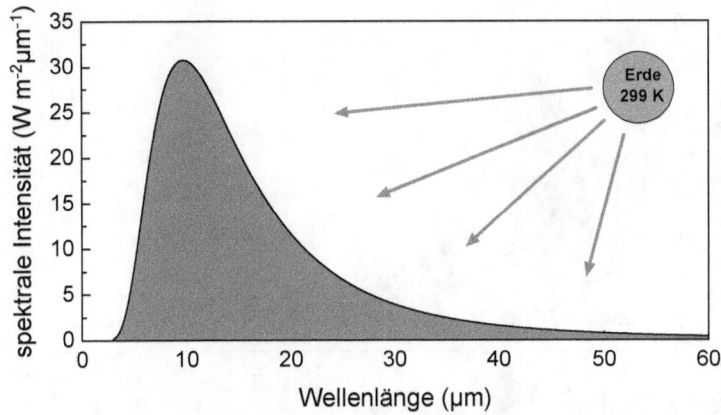

Abb. 2.9: Spektrale Intensität eines Planck'schen Wärmestrahlers für eine Temperatur von *26°C* (*299.15 K* – Tropenregion).

Da sich die von jedem Flächenelement der Erdoberfläche ausgehende Strahlung ungerichtet über einen Raumwinkel von 2π ausbreitet, ergeben sich hierdurch auch entsprechend unterschiedliche Ausbreitungs- und damit Absorptionswege durch die Atmosphäre, abhängig vom Abstrahlwinkel zur Erdoberfläche. Für die weiteren Betrachtungen ist es jedoch ausreichend, von einem mittleren Emissionswinkel der Wärmestrahlung auszugehen, der die von jedem Flächenelement einer Klimazone mit gleicher Intensität ausgehende Strahlung repräsentiert. Deswegen werden die Rechnungen auf einen mittleren Winkel von *45°* und dem damit verbundenen Absorptionsweg durch die Atmosphäre bezogen. Ein möglicher Fehler, der aus dieser Vereinfachung resultieren kann, wirkt sich nur auf kleinere Korrekturen in den Absolutwerten aus, hat aber kaum einen Einfluss auf die relativen Absorptionen der Klimagase zueinander und damit praktisch auch keinen Einfluss auf die Klimasensitivität.

Für die Absorptionsberechnungen wird ein Spektralintervall von *3 – 100* µm zugrunde gelegt, in das 18.539 Wasserlinien, 178.206 Methan-, 167.755 Kohlenstoffdioxid- und 284.647 Ozonlinien fallen. Bei Beschränkung auf die häufigsten Isotopologe und Linien mit einer Mindest-Spektralintensität von größer 10^{-24} cm/Molekül reduziert sich dies für H_2O auf 2.962, für CH_4 auf 17.776, für CO_2 auf 4.454 und für Ozon auf 75.382 Linien, insgesamt also auf 95.817 Spektrallinien, die den weiteren Rechnungen zugrunde liegen.

a) Absorption durch CO_2 und CH_4

Für CO_2 und CH_4 mit Konzentrationen von *380 ppm* und *1.8 ppm* ergibt sich dann für die spektrale Absorption und transmittierte Intensität der in Abb. 2.10 wiedergegebene Verlauf (für Tropenregionen).

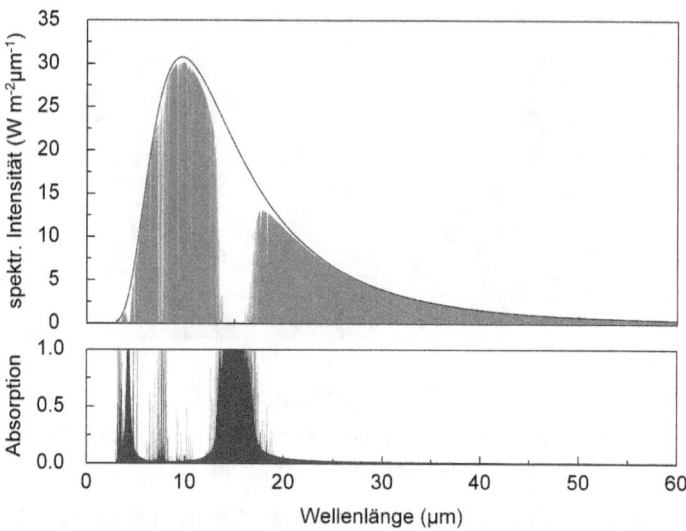

Abb. 2.10: Absorption der von der Erde ausgehenden Wärmestrahlung durch CO_2 und CH_4 in den Tropen. Oben: Transmissionsspektrum, unten: Absorptionsspektrum

Diese Spektren wurden für eine Gesamtdarstellung mit einer Auflösung von $\Delta\lambda$ = 1.74 nm pro Kanal (bei 32.768 Kanälen) berechnet. Für die Ermittlung der Absorptionsbeiträge durch die einzelnen Gase wird allerdings analog zum Sonnenspektrum mit höherer Auflösung gerechnet und hierzu der Gesamtspektralbereich von 3 – 100 µm in 10 Teilbereiche (3-3.4-4-4.8-6-7.8-11-17-31-60-100 µm, siehe Tabelle 2.5) mit jeweils 16.384 Kanälen zerlegt.

Tabelle 2.5: Aufteilung des Gesamtspektrums in Unterfenster

Fenster	λ_K (µm)	$\Delta\lambda$ (µm)	$\delta\lambda$ (nm)	$\delta\nu$ (GHz)
1	3.0	0.4	0.024	0.81
2	3.4	0.6	0.037	0.95
3	4.0	0.8	0.049	0.92
4	4.8	1.2	0.073	0.95
5	6.0	1.8	0.110	0.92
6	7.8	3.2	0.195	0.96
7	11.0	6.0	0.366	0.91
8	17.0	14.0	0.854	0.89
9	31.0	29.0	1.770	0.55
10	60.0	40.0	2.441	0.20

2. Absorption in der Atmosphäre

Es ist klar erkennbar, dass die Wärmestrahlung von CO_2 und CH_4 deutlich stärker absorbiert wird als das Sonnenspektrum, vor allem durch eine intensive, vollständig gesättigte Absorptionsbande des CO_2 um *15 µm*. Beide Gase liefern über den Gesamtbereich von *3 – 100 µm* zusammen eine Absorption von *23.1%*, CO_2 alleine einen Anteil von *21.1%* und CH_4 einen Anteil von knapp 2%.

b) Absorption unter Berücksichtigung des Wasserdampfes

Unter Berücksichtigung von Wasserdampf in der Atmosphäre erhöht sich die Gesamtabsorption drastisch und überdeckt gleichzeitig breitere Banden von CO_2 und CH_4, so dass deren Absorptionsbeiträge deutlich reduziert werden. Abb. 2.11 zeigt die transmittierte spektrale Intensität und Absorption, wie sie sich für tropische Regionen ergibt.

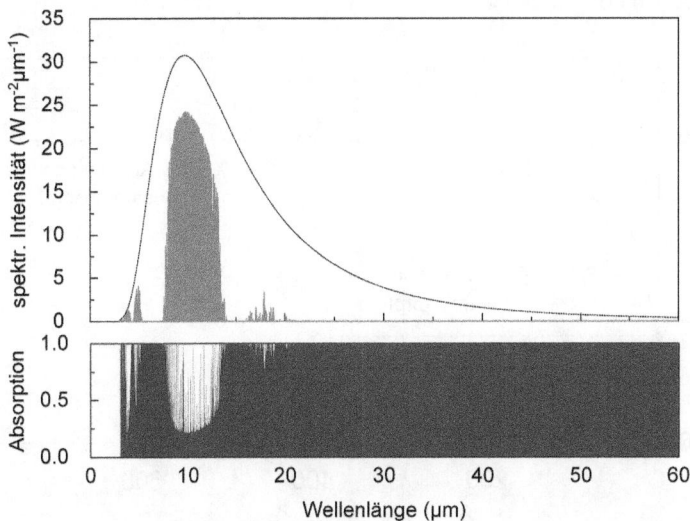

Abb. 2.11: Absorption der von der Erde ausgehenden Wärmestrahlung durch H_2O, CO_2 und CH_4 in den Tropen. Oben: Transmissionsspektrum, unten: Absorptionsspektrum

Bei einer relativen Feuchte am Boden von *69%* bzw. einer Konzentration von *2.29%* und einem zugrunde gelegten Höhenprofil entsprechend Abb. 2.2a zeigt sich eine Gesamtabsorption von *74.7%*. Hieran hat das Wasser allein einen Anteil von *64.8%*, d.h. der ursprüngliche Beitrag von CO_2 und CH_4 mit *23.1%* wird auf unter *10%*-Punkte gedrückt.

c) Absorption durch O_3

Ozon ist vor allem auf die Tropopause und Stratosphäre begrenzt und tritt dort in verschiedenen Schichtungen auf. Die Absorption durch Ozon variiert stark mit der Konzentration, die von komplexen Einflüssen bei der Bildung und Zirkulation des

Ozons sowie von Einwirkungen durch ozon-zerstörende langlebige katalytische Chemikalien abhängt. Für die weiteren Betrachtungen wird eine Ozonschicht zwischen *15* und *30 km* mit einer Konzentration von *2 ppm* (bezogen auf die Bodenverhältnisse) zugrunde gelegt. Hieraus resultiert, abhängig von den Querempfindlichkeiten mit Wasserdampf und CO_2, typisch eine Zusatzabsorption von *2.5 – 3 %*.

d) Spektrale Überlappung und Sättigung

Analog zu der kurzwelligen Strahlung ergibt sich auch für den langwelligen Bereich ein mit wachsender CO_2-Konzentration deutlich abgeschwächter Anstieg in der Absorption, der zurückzuführen ist auf die spektrale Überlagerung der Gase und der bereits starken Sättigung der CO_2 -Bande um *15 µm*. Abb. 2.12 zeigt die Gesamtabsorption von Wärmestrahlung in den Tropen als Funktion der CO_2 - Konzentration in der Atmosphäre.

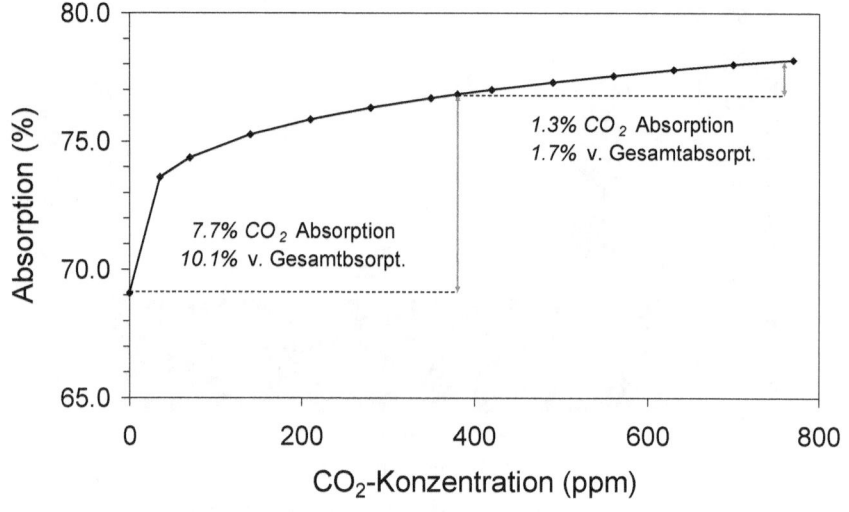

Abb. 2.12: Absorption von Wärmestrahlung in den Tropen für *2.29 % H_2O*, *1.8 ppm CH_4* und *2 ppm O_3* (über *15-30 km*) als Funktion der CO_2–Konzentration.

2.4 Zusammenstellung der Ergebnisse

Bisher wurde die Vorgehensweise zur Berechnung der kurz- und langwelligen Absorption durch die Klimagase in der Atmosphäre vorgestellt und dies am Beispiel für die Tropenregionen verdeutlicht. In diesem Abschnitt sind die Einzelergebnisse für alle drei Klimazonen zusammengestellt und für den kurzwelligen Bereich zusätzlich die vom Einfallswinkel abhängigen Absorptionen der Pentagonal- und Hexagonalflächen aufgelistet.

2. Absorption in der Atmosphäre

2.4.1 Tropengebiete

Tabelle 2.6 zeigt die aus den Spektralrechnungen entsprechend Gl. (2.11) ermittelten Absorptionen für die Tropenregionen als Funktion der CO_2-Konzentration. Für den Wassergehalt wurde am Boden eine relative Luftfeuchtigkeit von *69 %* mit einem Partialdruck von *23.2 hPa* zugrunde gelegt. Mit wachsender Höhe nimmt der Wasserdampfanteil entsprechend Abb. 2.2a aufgrund der atmosphärischen Druck- und Temperaturabnahme ebenfalls ab. Dabei wurde angenommen, dass bei einer Wolkenuntergrenze von *10.000 m* der Dampf gesättigt vorliegt und über *11.000 m* bereits so niedrig bzw. durch Eisbildung ausgeschieden ist, dass er zu Null gesetzt werden kann. Die Temperatur am Boden beträgt *26°C* und fällt bis in *11.000 m* Höhe linear auf *-56.5°C (216.65 K)* ab. Für CO_2 und CH_4 wurde eine über die gesamte Atmosphäre einheitliche Konzentration zugrunde gelegt, so dass die Partialdrücke entsprechend dem Gesamtdruck mit der Höhe abfallen. Die Konzentration für CH_4 beträgt in allen Rechnungen *1.8 ppm*. Zur einfacheren Erfassung einer möglichen Querempfindlichkeit von O_3 zu den anderen Gasen wurde hierfür ebenfalls eine gleichmäßige Verteilung über die Atmosphäre mit einer mittleren Konzentration von *0.2 ppm* angenommen, was einer äquivalenten Absorption von *2 ppm* zwischen *15* und *30 km* entspricht.

Für die Tropen sind entsprechend Abb. 2.7 und Tabelle 2.4 zur Berechnung der Absorption des Sonnenlichts (kurzwellige Strahlung – short wave radiation) je zwei Ikosaederflächen A_P und A_H (*P*-pentagonal, *H*-hexagonal) sowie jeweils zwei Einfallswinkel β_i, unter denen diese Flächen zur Einfallsrichtung der Sonne stehen, zu unterscheiden. Die Spalten 2-5 in Tabelle 2.6 weisen die für die vier Winkel ermittelten Absorptionen $a(\beta_i)$ als Funktion der CO_2-Konzentration aus. In der sechsten Spalte ist die gewichtete mittlere Absorption a_{SW} für die kurzwellige Strahlung angegeben, die sich entsprechend der Flächenwichtungen (siehe Tabelle 2.4 und Gl. 2.12) berechnet zu:

$$a_{SW} = \frac{a(90°)A_P + 3.5a(52.9°)A_H \sin(52.9°) + 2a(25.5°)A_P \sin(25.5°) + 1.5a(11.6°)A_H \sin(11.6°)}{A_P + 3.5 \cdot A_H \sin(52.9°) + 2 \cdot A_P \sin(25.5°) + 1.5 \cdot A_H \sin(11.6°)}. \quad (2.13)$$

Da die Einfallsrichtungen als Elevationswinkel zu den jeweiligen Oberflächen definiert sind (siehe Abb. 2.6) und als Beitrag einer Fläche nur deren Projektion senkrecht zur Einfallsrichtung zu berücksichtigen ist, sind die einzelnen Terme jeweils mit dem Sinus des Einfallswinkels zu multiplizieren.

In Spalte 7 ist die Absorption der langwelligen Strahlung a_{lw} als Funktion der CO_2-Konzentration in der Atmosphäre ausgewiesen. Da jedes Flächenelement einer Zone die Strahlung in gleicher Weise in einen Raumwinkel von 2π emittiert, wurde für die Berechnung der langwelligen Absorption ein mittlerer Winkel von *45°* zur Oberfläche angesetzt, so dass eine weitere Unterscheidung und Wichtung von Flächenelementen entfallen kann.

Tabelle 2.6: Absorption in den Tropengebieten für den kurz- und langwelligen Bereich als Funktion der CO_2-Konzentration.

Tropen CO_2 (ppm)	kurzwellige Absorption $a(\beta_i)$ in %					langwellig
	90° - P L=86km	52.9° - H L=108.2km	25.5° - P L=206km	11.6° - H L=535.1km	a_{sw} (%)	a_{lw} (%)
0	13.217	13.947	16.337	20.801	**14.628**	69.083
35	13.403	14.148	16.584	21.145	**14.842**	73.604
70	13.462	14.213	16.670	21.260	**14.912**	74.362
140	13.548	14.308	16.788	21.403	**15.012**	75.260
210	13.614	14.379	16.872	21.499	**15.086**	75.853
280	13.669	14.437	16.939	21.573	**15.146**	76.308
350	13.716	14.486	16.994	21.634	**15.196**	76.683
380	13.735	14.507	17.017	21.658	**15.217**	76.826
420	13.758	14.531	17.044	21.687	**15.242**	77.008
490	13.795	14.570	17.086	21.731	**15.281**	77.297
560	13.828	14.605	17.124	21.770	**15.317**	77.548
630	13.859	14.637	17.158	21.804	**15.349**	77.780
700	13.887	14.666	17.189	21.834	**15.378**	77.995
770	13.916	14.694	17.218	21.862	**15.406**	78.165

2.4.2 Gemäßigte Breiten

Tabelle 2.7 enthält die entsprechenden Absorptionsdaten für die gemäßigten Breiten. Die relative Luftfeuchtigkeit an der Erdoberfläche beträgt *68.5%* und der Wasserdampfpartialdruck *7.35 hPa*. Die Wolkenuntergrenze und damit gesättigter Dampfdruck wird in *7.000 m* Höhe angenommen.

Abb. 2.2b zeigt den für die Rechnungen zugrunde gelegten Wasserdampfgehalt als Funktion der Höhe. Die Temperatur am Boden beträgt *8°C* und fällt bis in *11.000 m* Höhe linear auf *-56.5°C* (*216.65 K*) ab.

Für diese Zone gibt es keine Fläche mit senkrechtem Strahlungseinfall (*90°*). Daher entfallen die Werte in Spalte 2.

Die mittlere kurzwellige Absorption für die Gemäßigten Breiten berechnet sich zu:

$$a_{SW} = \frac{1.5 \cdot a(52.9°)A_H \sin(52.9°) + 2.5 \cdot a(25.5°)A_P \sin(25.5°) + 2.5 \cdot a(11.6°)A_H \sin(11.6°)}{1.5 \cdot A_H \sin(52.9°) + 2.5 \cdot A_P \sin(25.5°) + 2.5 \cdot A_H \sin(11.6°)}. \quad (2.14)$$

2. Absorption in der Atmosphäre

Tabelle 2.7: Absorption in den Gemäßigten Breiten für den kurz- und langwelligen Bereich als Funktion der CO_2-Konzentration.

gemäßigt CO_2 (ppm)	kurzwellige Absorption $a(\beta_i)$ in %				langwellig	
	90° - P L=86km	52.9° - H L=108.2km	25.5° - P L=206km	11.6° - H L=535.1km	a_{sw} (%)	a_{lw} (%)
0		10.684	12.846	17.179	12.674	60.663
35		10.901	13.121	17.590	12.949	67.964
70		10.977	13.221	17.730	13.045	69.103
140		11.085	13.358	17.900	13.175	70.383
210		11.166	13.454	18.012	13.266	71.198
280		11.232	13.531	18.096	13.340	71.808
350		11.287	13.596	18.164	13.400	72.302
380		11.312	13.621	18.191	13.425	72.489
420		11.339	13.652	18.223	13.455	72.702
490		11.383	13.701	18.271	13.501	73.060
560		11.423	13.743	18.314	13.542	73.382
630		11.460	13.782	18.352	13.580	73.677
700		11.493	13.817	18.385	13.614	73.951
770		11.524	13.849	18.416	13.645	74.213

Die Absorptionsdaten für den kurzwelligen ebenso wie für den langwelligen Bereich liegen deutlich unter denen für die Tropengebiete und dies, obwohl der effektive Weg durch die Atmosphäre für die kurzwellige Strahlung länger ist. Der Grund hierfür liegt vor allem in dem reduzierten Wassergehalt in der Atmosphäre. Gleichzeitig wird damit die Abhängigkeit von der CO_2-Konzentration und damit die Klimasensitivität für diese Zone erhöht.

2.4.3 Polargebiete

In Tabelle 2.8 sind die Absorptionsdaten für die Polarregionen zusammengestellt. Die relative Luftfeuchtigkeit am Erdboden beträgt 66% und der ungesättigte Partialdampfdruck 2.39 hPa. Aus Abb. 2.2c ist der zugrunde gelegte Wasserdampfgehalt als Funktion der Höhe mit einer Wolkenuntergrenze von 5.000 m ersichtlich. Die Temperatur am Boden beträgt -7°C und fällt ebenso wie in den anderen Regionen bis in 11.000 m Höhe linear auf – 56.5°C (216.65 K) ab.

2. Absorption in der Atmosphäre

Für die Polargebiete gibt es weder eine Ikosaederfläche mit senkrechtem Einfall (*90°*) noch Flächen mit einem Einfallswinkel von *52.9°*. Daher entfallen die Werte in Spalte 2 und 3. In diesem Fall berechnet sich dann mit den Wichtungsfaktoren aus Tabelle 2.4 die mittlere kurzwellige Absorption zu:

$$a_{SW} = \frac{0.5 \cdot a(25.5°) A_P \sin(25.5°) + a(11.6°) A_H \sin(11.6°)}{0.5 \cdot A_P \sin(25.5°) + A_H \sin(11.6°)} \quad (2.15)$$

Auch für diese klimatische Zone ist aufgrund des nochmals abgesenkten Wasserdampfgehalts eine weitere Absenkung der Absorptionsgrade gegenüber der Tropenregion und den Gemäßigten Breiten festzustellen, die sich in einer Zunahme des CO_2-Einflusses auf das Klima bemerkbar machen.

Tabelle 2.8: Absorption in den Polargebieten für den kurz- und langwelligen Bereich als Funktion der CO_2-Konzentration.

polar CO_2 (ppm)	kurzwellige Absorption $a(\beta_i)$ in %					langwellig
	90° - P L=86km	52.9° - H L=108.2km	25.5° - P L=206km	11.6° - H L=535.1km	a_{SW} (%)	a_{lw} (%)
0			9.939	13.924	**12.267**	**52.805**
35			10.234	14.383	**12.658**	**62.175**
70			10.350	14.544	**12.800**	**63.662**
140			10.499	14.735	**12.974**	**65.264**
210			10.606	14.860	**13.092**	**66.299**
280			10.691	14.954	**13.182**	**67.088**
350			10.762	15.029	**13.255**	**67.742**
380			10.790	15.059	**13.284**	**67.980**
420			10.825	15.094	**13.319**	**68.255**
490			10.879	15.148	**13.373**	**68.701**
560			10.927	15.194	**13.420**	**69.107**
630			10.969	15.235	**13.461**	**69.483**
700			11.008	15.271	**13.498**	**69.836**
770			11.043	15.305	**13.533**	**70.184**

2.4.4 Änderung der Absorption mit der Bodentemperatur

Die vorstehenden Ergebnisse wurden insbesondere unter dem Aspekt betrachtet, wie sich die Gesamtabsorption von Wasserdampf, Methan, Ozon und Kohlenstoff-

2. Absorption in der Atmosphäre

dioxid in den drei Klimazonen als Funktion der CO_2-Konzentration verändert. Dabei zeigt sich vor allem der dominante Einfluss von Wasserdampf durch die extrem starke Überlagerung der teils gesättigten Wasserbanden mit den Spektren der anderen Gase.

Der Partialdruck und damit der Anteil von Wasserdampf in der Atmosphäre ändert sich, wie bereits erwähnt, nicht nur mit der Höhe über dem Boden entsprechend Abb. 2.2, sondern auch deutlich mit der Temperatur von einer Zone zur nächsten (vergleiche Abb. 2.2a-c). Von dem jeweiligen Partialdruck und daher auch der Temperatur wird wiederum die Gesamtabsorption unter Berücksichtigung der gegenseitigen Wechselwirkung der Gase, wie sie bei den vorstehend beschriebenen Rechnungen zugrunde gelegt ist, bestimmt. Somit lässt sich aus den in Tabelle 2.6 – 2.8 aufgeführten Daten unmittelbar auch auf eine etwaige Änderung der Absorption mit der Temperatur schließen.

Zwar stehen für eine jeweils vorgegebene CO_2-Konzentration nur je drei Werte zur Verfügung (je Klimazone ein Wert), an die aber ein Funktionsverlauf angepasst und damit die Änderung der Absorption mit der Temperatur angegeben werden kann. Abb. 2.13 zeigt den ermittelten Verlauf für die kurzwellige wie die langwellige Absorption.

Da für den kurzwelligen Bereich die Absorption nicht nur durch den Partialdruck bzw. die Temperatur in einer Zone, sondern auch durch den Einfallswinkel der Strahlung zur Atmosphäre bestimmt wird, kann auf eine Änderung der Absorption mit der Temperatur nur geschlossen werden, wenn gleiche Absorptionswege und damit Einfallswinkel zugrunde gelegt werden. Dies ist z.B. der Fall für die Spalte 4 der Tabellen 2.6 - 2.8 (Pentagonalfläche unter $25.5°$). Für eine CO_2-Konzentration von $380\ ppm$ entspricht das den Werten, die in Abb. 2.13 als blaue Quadrate gekennzeichnet sind. Die kurzwellige Absorption wird sehr gut durch eine Gerade mit der Steigung $da_{SW}/dT_E = 0.185\ \%/°C$ beschrieben.

Für die langwellige Absorption ist keine Unterscheidung hinsichtlich der Einfallswinkel vorzunehmen. Ebenfalls für eine Konzentration von $380\ ppm\ CO_2$ ergeben sich dann die durch die roten Dreiecke repräsentierten Werte, an die eine Exponentialfunktion der Form

$$a_{LW} = a_i + b_i(1 - e^{-c_i(T_E - T_R)}) \qquad (2.16)$$

angepasst werden kann. Aus der Ableitung von Gl.(2.16) an einer entsprechenden Zonentemperatur T_E^Z berechnet sich dann die Änderung der langwelligen Absorption mit der Temperatur zu

$$\left.\frac{da_{LW}}{dT_E}\right|_{T_E^Z} = b_i \cdot c_i \cdot e^{-c_i(T_E - T_R)} \qquad (2.17)$$

mit $b_i = 25.4\%$, $c_i = 0.013/°C$ und $T_R = -7°C$ als Referenztemperatur.

2. Absorption in der Atmosphäre

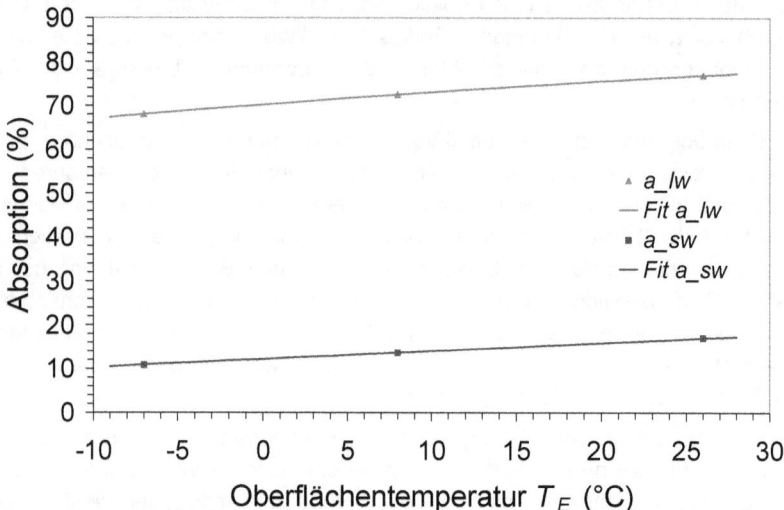

Abb. 2.13: Änderung der Absorption des Sonnen- und IR-Spektrums mit der Bodentemperatur.

Bei konstanter Wasserdampfkonzentration würde für beide Spektralbereiche die Absorption mit wachsender Temperatur leicht abfallen, durch die erhöhte Wasserdampfaufnahme und die daraus resultierende Zusatzabsorption ergibt sich jedoch der beobachtbare Gesamtanstieg, der bei einer Zunahme von Treibhausgasen und dem damit erwarteten Temperatureinfluss von Bedeutung ist und in die weiteren Rechnungen als positive Wasserdampfrückkopplung einbezogen wird.

3. Strahlungstransfer in der Atmosphäre

3.1 Vorbemerkungen

Die Ausbreitung elektromagnetischer Strahlung in absorptiven Medien wird allgemein in sehr guter Näherung durch das Lambert-Beer'sche Absorptionsgesetz

$$I_\lambda(z) = I_\lambda(0) \cdot e^{-\alpha(\lambda)\cdot z} \qquad (3.1)$$

beschrieben, wobei $\alpha(\lambda)$ der über den Ausbreitungsweg konstante Absorptionskoeffizient der Strahlung mit der spektralen Eingangsintensität $I_\lambda(0)$ an der Position $z = 0$ ist. Dies gilt auch in der Atmosphäre mit der Einschränkung, dass sich $\alpha(\lambda)$ mit der Höhe und damit über die Temperatur, den Umgebungsdruck und die Partialdrücke der absorbierenden Gase entlang des Ausbreitungsweges verändert. Deshalb ist im allgemeinen Fall $\alpha(\lambda)\cdot z$ durch die optische Dicke $\kappa(\lambda,z)$ entsprechend Gl.(2.3) zu ersetzen. Die Berechnung von $\kappa(\lambda,z)$ über einzelne Höhenschichten, über die die Temperatur und die Drücke als konstant angesehen werden können, sowie deren Aufsummation zu einer gesamtoptischen Dicke, um hieraus die resultierende Absorption zu ermitteln, war Gegenstand der Betrachtungen von Kapitel 2.

Eine solche Vorgehensweise hat auch Bestand für sehr große Werte von $\alpha\cdot z$ bzw. $\kappa(\lambda,z)$, wenn also praktisch die gesamte spektrale Eingangsintensität absorbiert wird. Oft wird dieser Fall als gesättigte Absorption bezeichnet. Sie darf aber nicht verwechselt werden mit der eigentlichen Sättigung eines molekularen Übergangs, die dann erreicht wird, wenn die einfallende Strahlung so intensiv wird, dass hierdurch eine merkliche Zahl von Molekülen von einem niedrigeren in einen höher liegenden Molekülzustand angehoben werden und als Folge der reduzierten Besetzungsdifferenz auf diesem Übergang der effektive Absorptionskoeffizient kleiner wird. In quantenmechanischer Sprechweise resultiert eine solche Abnahme aus der Zunahme von induzierten Emissionsprozessen, die in gleicher Weise anwachsen, wie die Besetzung des oberen Zustands zunimmt. Dabei überlagert sich die emittierte Strahlung richtungs- und phasengetreu der einfallenden (induzierenden) Strahlung (Funktionsprinzip eines Lasers) und führt letztlich zu einer reduzierten Absorption auf dem Molekülübergang. Eine solche Sättigung eines molekularen Übergangs ist allerdings weder für die Solarstrahlung noch für den IR-Bereich zu beobachten.

Die Besetzung von angeregten Zuständen kann aber auch auf ganz natürliche Weise erfolgen. Sie berechnet sich im thermischen Gleichgewicht, abhängig von der Temperatur eines Gases und der Energielage der an dem Übergang beteiligten Zustände, über eine Boltzmann-Funktion und führt vor allem zu der beobachtbaren Temperaturabhängigkeit der spektralen Absorption (siehe hierzu Gl. A4 und A5 im Anhang A).

Hierüber hinaus kann die Temperatur eines Gases einen weiteren merklichen Einfluss auf das Absorptions- und Emissionsverhalten von Molekülen haben. So stellt ein Gas wie ein Festkörper oder eine Flüssigkeit einen Planck'schen Strahler dar, der die in dem Gas gespeicherte thermische Energie über elektromagnetische Strahlung an die Umgebung wieder abgibt. Auf die Atmosphäre bezogen heißt dies, dass sich diese Eigenstrahlung einer von der Erde oder der Sonne ausgehenden Strahlung überlagert und die sonst beobachtbare Wechselwirkung in der Atmosphäre verändert. Hieraus folgt, dass die Strahlungsausbreitung nicht mehr unmittelbar dem Lambert-Beer'schen Gesetz entspricht.

Die sich hieraus ergebenden Änderungen lassen sich mithilfe der Strahlungstransfer-Gleichung berechnen und sind Gegenstand der nachfolgenden Betrachtungen.

3.2 Strahlungstransfer-Gleichung

Ein merklicher Einfluss der atmosphärischen Eigenstrahlung auf die Ausbreitung von elektromagnetischen Wellen in der Atmosphäre ist dann festzustellen, wenn die Eigenstrahlung in Intensität und Frequenz vergleichbar zu der einfallenden Welle ist. Dies ist der Fall für die von der Erde ausgehende langwellige Strahlung und ebenso für die Wärmestrahlung der Atmosphäre selber. Dagegen hat dies keinen Einfluss auf die Ausbreitung der kurzwelligen Strahlung. Daher wird im Weiteren nur die Ausbreitung der langwelligen Strahlung in der Atmosphäre untersucht.

Ein Strahl der spektralen Intensität I_λ wird bei einem Absorptionskoeffizienten $\alpha(\lambda)$ über den Ausbreitungsweg dz absorbiert, aber nimmt ebenso Strahlung auf, die von der Atmosphäre emittiert wird. Da unter der Annahme eines lokalen thermischen Gleichgewichts[3] der Emissionskoeffizient eines Mediums gleich dem Absorptionskoeffizenten sein muss, lässt sich der Strahlungstransfer – bezogen auf die z-Koordinate und bei Vernachlässigung von Streuung – in differentieller Form schreiben als:

$$dI_\lambda(z) = -\alpha(\lambda,z)I_\lambda(z)dz + \alpha(\lambda,z)B_\lambda(T(z))dz \qquad (3.2)$$

mit $B_\lambda(T(z))$ als Planck'sche Strahlungsverteilung, die sich nach Gl.(2.1) berechnet. Diese Gleichung ist bekannt als sogenannte Schwarzschildgleichung [35, 36], in der der erste Term die Absorption und der zweite die Eigenemission des Mediums als schwarzer Strahler angibt. Zu solch einer Emission kommt es nur auf Wellenlängen, auf denen die Moleküle eines Gases auch entsprechend absorbieren können (Dipol- oder Quadrupolstrahler). Ohne den zweiten Term und bei konstantem α über

---

[3] Von einem lokalen thermischen Gleichgewicht kann in guter Näherung ausgegangen werden, da durch Stöße der Moleküle untereinander ein kontinuierlicher Energieaustausch in der translatorischen wie in der inneren Energie erfolgt und dieser Austausch sich durch eine Boltzmann-Verteilung beschreiben lässt. Typische Stoßraten bei Atmosphärendruck liegen im *GHz*-Bereich, und auch in größeren Höhen erreichen sie noch einige *MHz*, so dass sich ein Gleichgewicht typisch in weniger als *1 μsec* einstellen kann.

3. Strahlungstransfer in der Atmosphäre

den Ausbreitungsweg z führt die Integration von Gl.(3.2) direkt auf das Lambert-Beer'sche Absorptionsgesetz.

Die allgemeine Lösung von Gl.(3.2) als gewöhnliche Differentialgleichung 1. Ordnung lässt sich angeben als:

$$I_\lambda(z) = e^{-\int_0^z \alpha(\lambda,z)dz'} \cdot \left[\int_0^z \alpha(\lambda,z) B_\lambda(T(z)) e^{\int_0^z \alpha(\lambda,z)dz'} dz' + C \right]. \tag{3.3}$$

Wird die Atmosphäre in Schichten der Dicke Δz und dem Laufindex i unterteilt (siehe Tabelle 2.1), über die der Druck und die Temperatur als konstant angenommen werden können und damit α und B_λ über diesen Bereich ebenfalls konstant sind, vereinfacht sich Gl.(3.3) zu:

$$I_\lambda^i(\Delta z) = I_\lambda^{i-1} e^{-\alpha^i(\lambda)\Delta z} + B_\lambda^i(T^i) \cdot (1 - e^{-\alpha^i(\lambda)\Delta z}). \tag{3.4}$$

Die Intensität in der *i-ten* Schicht berechnet sich also aus der Ausgangsintensität I_λ^{i-1} der *(i-1)-ten* Schicht sowie den gültigen Werten $\alpha^i(\lambda)$ und $B_\lambda^i(T^i)$ der *i-ten* Schicht. Damit lässt sich so schrittweise die Ausbreitung über die gesamte Atmosphäre ermitteln, die für die nachfolgenden Rechnungen in *228* Schichten entsprechend Tabelle 2.1 unterteilt wird.

Ein Beispiel für die nach Gl.(3.4) berechnete Ausbreitung in der Atmosphäre ist in Abb. 3.1 wiedergegeben.

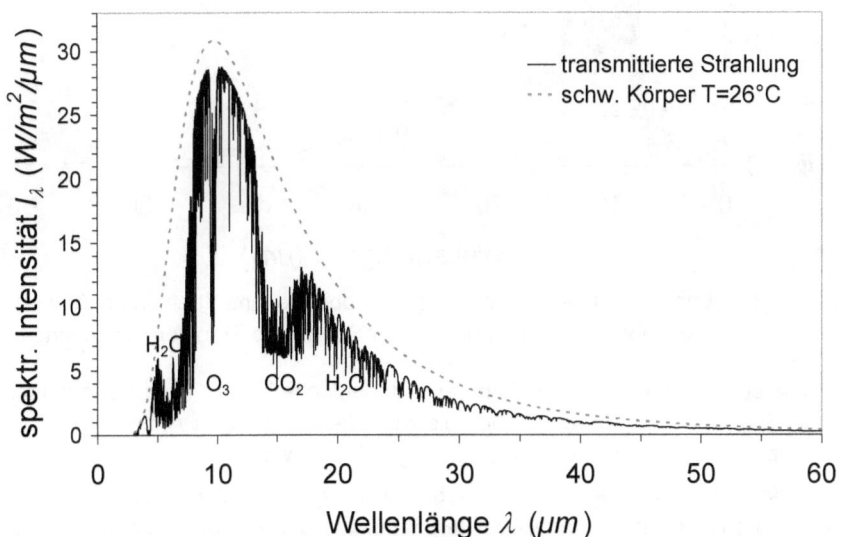

Abb. 3.1: Von der Erde und Atmosphäre ins All (TOA) abgegebene Strahlung für den Tropenbereich, berechnet mit der Strahlungs-Transfer-Gleichung.

3. Strahlungstransfer in der Atmosphäre

Für den Temperatur- und Druckverlauf wurde von identischen Bedingungen ausgegangen, wie sie den Rechnungen in Kapitel 2 zugrunde liegen. Die Erde wird als schwarzer Strahler mit einer Oberflächentemperatur von 26°C und in diesen Rechnungen mit einem Emissionskoeffizienten von 1 angesetzt. Die emittierte Strahlung (gestrichelte rote Linie) breitet sich unter einem mittleren Elevationswinkel von 45° aus und erfährt auf dem weiteren Weg durch die Atmosphäre eine deutliche Absorption. Insgesamt aber erscheint die am oberen Rand der Atmosphäre (top of the atmosphere – TOA) ins All abgestrahlte Intensität wesentlich weniger geschwächt, als dies auf den gesättigten Banden von CO_2, O_3 und H_2O nach Lambert-Beer zu erwarten wäre. In den Spektralbereichen, in denen eine starke Absorption der Eingangsstrahlung auftritt, emittiert die Atmosphäre eben auch besonders intensiv.

Dies lässt sich klar erkennen aus Abb. 3.2, in der nur die Eigenemission der von der Atmosphäre abgegebenen Strahlung dargestellt ist.

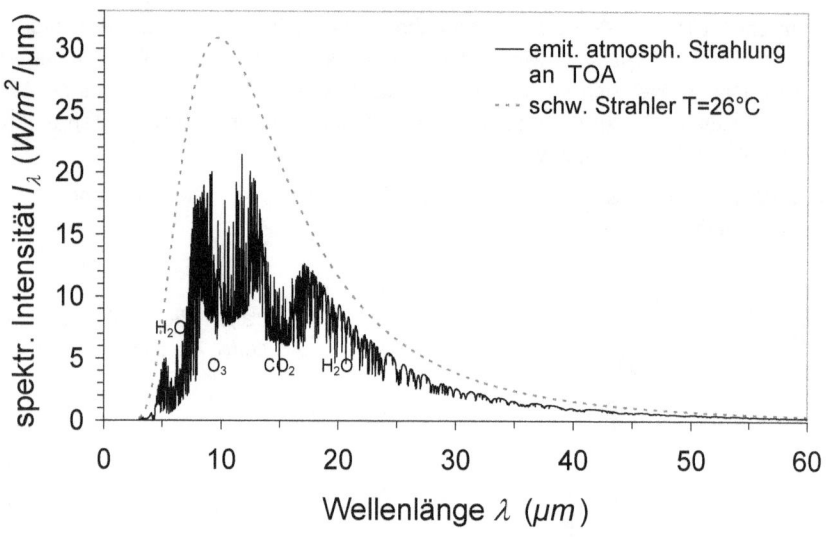

Abb. 3.2: Von der Atmosphäre ins All (TOA) abgegebene Strahlung für den Tropenbereich, berechnet mit der Strahlungs-Transfer-Gleichung.

Die Temperatur nimmt von 26°C an der Erdoberfläche bis in 11 km Höhe entsprechend Gl.(2.5) ab, für größere Höhen bis zum oberen Rand der Atmosphäre (TOA) in 86 km Höhe gelten die in Tabelle 2.2 aufgeführten Werte.

Die Differenz dieser zwei Kurven ergibt die tatsächliche Absorption der von der Erde in die Atmosphäre eingekoppelten Strahlung und entspricht dem 1. Term in Gl.(3.4). Das Integral über diese Differenz und normiert auf die Eingangsstrahlung (Integral über die Planck-Kurve) liefert dabei die identischen Werte für die Absorption, wie sie in Kapitel 2 zusammengestellt sind.

3. Strahlungstransfer in der Atmosphäre

Für die Berechnung der Absorption ergeben sich aus der Anwendung der Strahlungs-Transfer-Gleichung also keine neuen oder veränderten Erkenntnisse. Sie führt eher nur zu Missinterpretationen (siehe z.B. Ref. 37, S. 201), da aus der noch verbleibenden Intensität um *15 μm* in Abb. 3.1 fälschlicherweise der Schluss gezogen wird, dass die CO_2-Absorption um diesen Spektralbereich noch längst nicht gesättigt sei. Zum Verständnis und zur Erklärung der von Satelliten aufgenommenen Spektren [38-40] sind solche Rechnungen allerdings unverzichtbar, und ihre gute Übereinstimmung mit diesen Beobachtungen bestätigt damit gleichzeitig, dass die Schwarzschild-Gleichung einen sinnvollen und richtigen Ansatz zur Beschreibung der Strahlausbreitung in der Atmosphäre bildet.

Als wesentliche Erkenntnis für die weiteren Betrachtungen (siehe Kapitel 4) ergibt sich aus dem *RT*-Modell, dass für eine vollständige Strahlungsbilanz ebenso die von der Atmosphäre ausgehende, abwärts gerichtete Strahlung zu berücksichtigen ist.

Abb. 3.3 zeigt eine solche Rechnung, die unter sonst gleichen Bedingungen wie in Abb. 3.2 ermittelt wurde, aber jetzt die Strahlung repräsentiert, die sich über ein Höhenprofil von *86 km* an der Erdoberfläche aufgebaut hat.

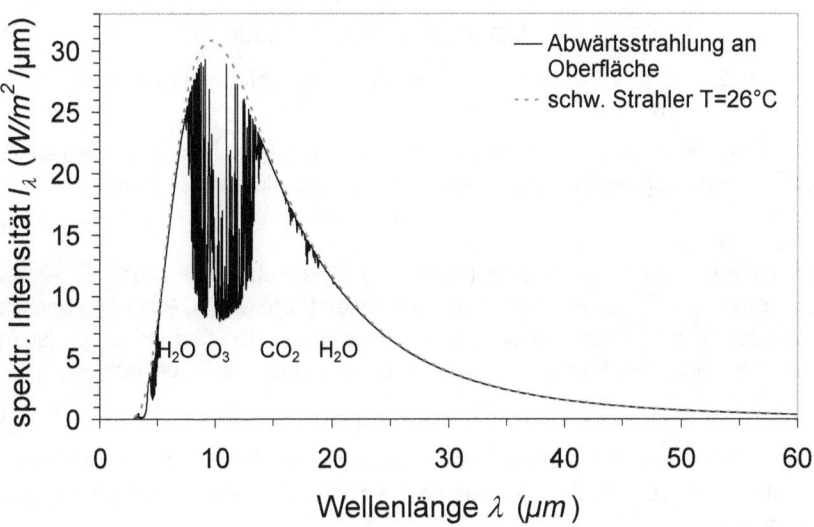

Abb. 3.3: Von der Atmosphäre in Abwärtsrichtung abgegebene Strahlung für den Tropenbereich.

Dieses Spektrum unterscheidet sich grundsätzlich von dem in Aufwärtsrichtung sowohl in der spektralen Zusammensetzung wie in dem Gesamtbetrag. Der Grund hierfür liegt in dem jetzt gegenläufigen Temperaturprofil, das dafür verantwortlich zeichnet, dass die wärmeren erdnahen Schichten hauptsächlich die Strahlungsverteilung bestimmen.

Die von der Atmosphäre emittierten und absorbierten Intensitäten als Integrale über die jeweiligen spektralen Intensitäten sind – aufgeschlüsselt nach den drei Klimazonen – in Abb. 3.4 und Tabelle 3.1 zusammengestellt.

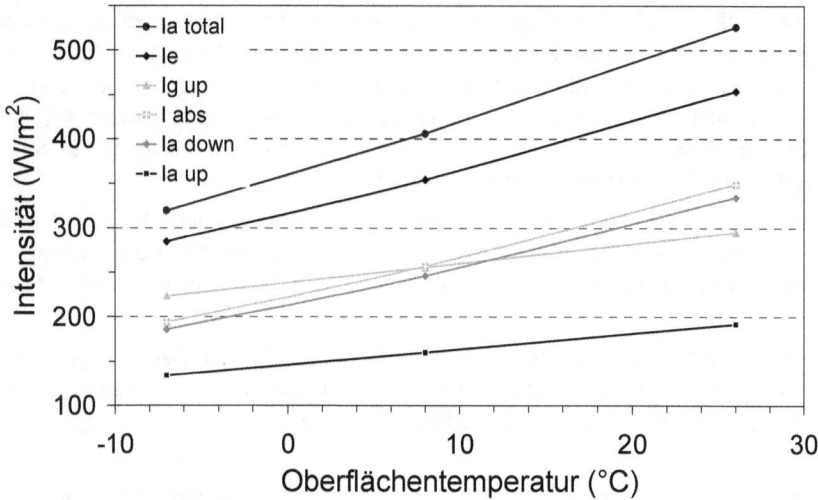

Abb. 3.4: In den drei Klimazonen von der Atmosphäre emittierte und absorbierte Intensitäten.

Der obere Graph (braune Punkte) repräsentiert dabei die insgesamt emittierte Leistung pro Atmosphärenfläche (hier ebenfalls als Intensität angegeben):

$$I_A^{total} = I_A^{up} + I_A^{down}, \quad (3.5)$$

die sich aus den in Auf- und Abwärtsrichtung abgestrahlten Beiträgen I_A^{up} (schwarze Quadrate) und I_A^{down} (rosa Karos) zusammensetzt. Die am TOA ins All abgestrahlte Intensität I_G^{up} ergibt sich aus der von der Erde emittierten und nicht von der Atmosphäre absorbierten Strahlung sowie der atmosphärischen Eigenstrahlung:

$$I_G^{up} = I_E - I_{abs} + I_A^{up}. \quad (3.6)$$

mit I_E als der von der Erdoberfläche ausgehenden Intensität (blaue Karos) und I_{abs} als der in der Atmosphäre absorbierten Intensität (weiße Kreuze auf grauem Quadrat).

Entsprechend dem Stefan-Boltzmann-Gesetz mit

$$I_E = e_E \sigma \cdot T_E^4 \quad (3.7)$$

als Integral über die Planck'sche Strahlungsverteilung zeigt sich für I_E, I_A^{down} und damit auch für I_A^{total} ebenso wie für I_{abs} ein überproportionaler Anstieg mit der Erdtemperatur T_E, während I_G^{up} und I_A^{up} in guter Näherung linear anwachsen. σ ist die

3. Strahlungstransfer in der Atmosphäre

Stefan-Boltzmann-Konstante mit $\sigma = 5.67 \cdot 10^{-8}$ $W/m^2/K^4$ und e_E der Emissionskoeffizient der Erde, der hier zu $e_E = 1$ angenommen wurde.

Aus den vorstehenden Rechnungen leitet sich als wichtige Erkenntnis für die weiteren Betrachtungen ab, dass von der Gesamtemission der Atmosphäre, also der in Auf- und Abwärtsrichtung abgestrahlten Intensität ein deutlich größerer Anteil an die Erdoberfläche als ans All abgegeben wird. Diese Asymmetrie wird im Weiteren durch einen Faktor f_A definiert:

$$f_A = \frac{\int_0^\infty I_{\lambda,A}^{down} d\lambda}{\int_0^\infty I_{\lambda,A}^{up} d\lambda + \int_0^\infty I_{\lambda,A}^{down} d\lambda} \times 100 [\%], \qquad (3.8)$$

der sich aufgrund des unterschiedlichen Wassergehalts und des Temperaturgefälles in der Troposphäre merklich mit der Klimazone verändert. Die Ergebnisse sind zusammen mit der aus den *RTM*-Rechnungen ermittelten langwelligen Absorption a_{LW} in Tabelle 3.1 aufgeführt und graphisch in Abb. 3.5 dargestellt.

Tabelle 3.1: Nach dem *RT*-Modell berechnete Leistungen, Asymmetriefaktor und l_W-Absorption in den drei Klimazonen für *380 ppm CO_2, 1.8 ppm CH_4, 0.2 ppm O_3* und Wasserdampf entsprechend der Klimazone.

Zone T (°C)	Intensität (W/m²)						$f_A (\%)$	$a_{LW}(\%)$
	I_e	I_g^{up}	I_a^{up}	I_a^{down}	I_a^{total}	I_{abs}		
polar: -7	284.50	223.08	133.84	185.52	319.36	193.41	**58.09**	**67.98**
moder.:8	354.27	255.35	159.87	246.03	405.89	256.81	**60.61**	**72.49**
tropic: 26	454.09	294.75	191.67	334.37	526.04	348.86	**63.56**	**76.83**

Der Asymmetriefaktor lässt sich über die drei Klimazonen sehr gut durch eine Gerade mit der Steigung $df_A/dT = 0.165$ %/°C approximieren (roter Graph), während die Absorption (blaue Kurve) entsprechend Gl. (2.16) und (2.17) durch eine Exponentialfunktion dargestellt werden kann und mit steigender Temperatur einen zunehmend flacheren Verlauf zeigt. Die zusätzlich berechneten Werte, die für Abweichungen von ±5°C von der mittleren Zonentemperatur aufgeführt sind, geben den reinen Temperatureinfluss ohne Berücksichtigung einer veränderten Wasserdampfkonzentration wider. Für die Absorption ist deutlich erkennbar, wie sie mit steigender Bodentemperatur abnimmt (blaue Quadrate).

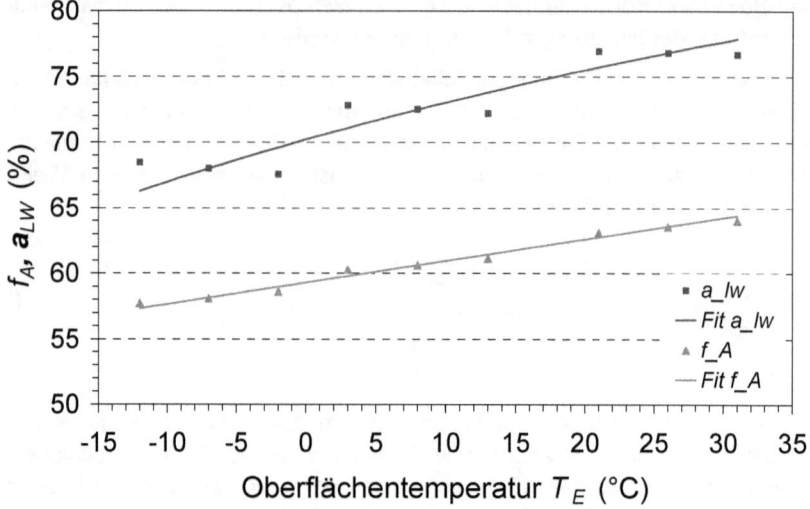

Abb. 3.5: Asymmetriefaktor f_A und langwellige Absorption a_{LW} als Funktion der Klimazone und Oberflächentemperatur.

4. Zwei-Lagen-Klimamodell

Die in Kapitel 2 und 3 dargestellten Rechungen und Ergebnisse zur Absorption der kurz- und langwelligen Strahlung in der Atmosphäre haben unmittelbar Einfluss auf die sich einstellende Temperaturbilanz zwischen der Atmosphäre und der Erdoberfläche.

In diesem Kapitel wird ein Zwei-Lagen-Modell betrachtet, das aus diesen zwei Bereichen, der Atmosphäre einerseits und der Erdoberfläche andererseits, besteht (Abb. 4.1). Im Gleichgewicht geben dabei die Atmosphäre wie die Erde jeweils so viel Leistung wieder ab, wie sie von der Sonne und der angrenzenden Lage aufgenommen haben.

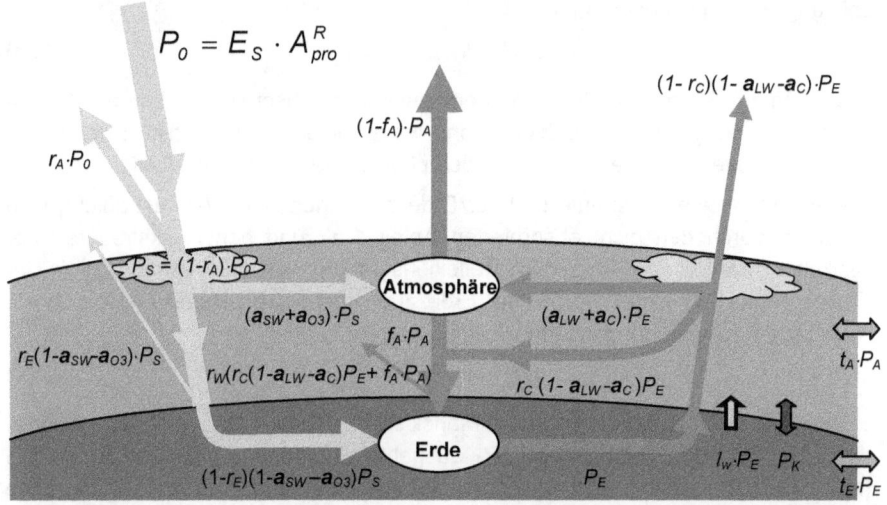

Abb. 4.1: Zwei-Lagen-Modell bestehend aus Atmosphäre und Erdoberfläche

Die auf eine Region (Tropen, Gemäßigte Breiten oder Polargebiet) auftreffende Sonnenleistung ist:

$$P_0 = E_S \cdot A_{pro}^R, \tag{4.1}$$

wobei A_{pro}^R die Projektionsfläche der Region senkrecht zur Einfallsrichtung des Lichts und E_S die Solarkonstante darstellt.

Mit einem rückgestreuten Anteil r_A des Sonnenlichts an Wolken, Aerosolen und Luftmolekülen (oft auch als Reflexion bezeichnet) wird in die Atmosphäre die Leistung

$$P_S = (1 - r_A) \cdot P_0 \tag{4.2}$$

eingekoppelt. Hiervon wird in der Atmosphäre der Anteil

$$P_{SA} = (a_{sw} + a_{O3})P_S = a_S \cdot P_S \qquad (4.3)$$

absorbiert, der sich aus der Absorption a_{sw} (short wave radiation) durch Wasser, Methan und Kohlenstoffdioxid sowie der Absorption a_{O3} durch Ozon zur Gesamtabsorption a_S des Sonnenlichts in der Atmosphäre zusammensetzt.

Der nicht an der Atmosphäre rückgestreute oder in ihr absorbierte Anteil trifft auf die Erdoberfläche und wird dort bis auf den an der Oberfläche reflektierten Anteil r_E in die Erde eingekoppelt und freigesetzt:

$$P_{SE} = (1 - r_E)(1 - a_S)P_S \,. \qquad (4.4)$$

Die als Planck'scher Strahler von der Erde ausgehende Wärmestrahlung mit der Leistung P_E wird mit dem Anteil

$$a_W P_E = (a_{LW} + a_C)P_E \qquad (4.5)$$

zusätzlich zur Sonnenstrahlung von der Atmosphäre absorbiert, wobei a_{LW} die Absorption der langwelligen Strahlung (long wave radiation) durch die in der Atmosphäre enthaltenen Gase und a_C die Absorption an Wolken berücksichtigt.

Die an den Wolken gestreute und zur Erde zurückgehende Wärmestrahlung wird bestimmt durch den nicht absorbierten Anteil $1 - a_W$ und den Rückstreugrad der Wolken r_C. Davon wird bei einem Reflexionsgrad r_W der Wärmestrahlung an der Erdoberfläche der Anteil $1 - r_W$ in die Erde zurückgekoppelt. Damit ergibt sich ein Rückfluss durch Streuung an den Wolken von

$$r_C(1 - a_W)(1 - r_W)P_E \qquad (4.6)$$

Ebenso stellt die Atmosphäre einen Planck'schen Strahler dar, von dem Wärmestrahlung mit der Gesamtleistung P_A ausgeht. Hiervon entweicht der Anteil $1-f_A$ (siehe Gl.(3.8)) in den Weltraum, der andere Anteil breitet sich in Richtung Erde aus, und mit dem Reflexionsgrad r_W an der Erdoberfläche wird hiervon der Anteil

$$f_A \cdot (1 - r_W)P_A \qquad (4.7)$$

in die Erdoberfläche eingekoppelt.

Neben dem reinen Strahlungsfluss wird zusätzlich ein Teil der in der Atmosphäre und der Erde gespeicherten Wärme über atmosphärische und Meeresströmungen an eine angrenzende Klimazone weitergeleitet oder von dort aufgenommen. Die hierdurch transferierten Leistungen P_{TA} bzw. P_{TE} werden spezifiziert in Einheiten von P_A und P_E der jeweils betrachteten Zone als

$$P_{TA} = t_A \cdot P_A \quad bzw. \quad P_{TE} = t_E \cdot P_E, \qquad (4.8)$$

mit t_A und t_E als Transferfaktoren für den atmosphärischen bzw. terrestrischen Wärmetransport. Sie werden negativ angesetzt, wenn von der betrachteten Zone

4. Zwei-Lagen-Klimamodell

ein Netto-Leistungsfluss abgeht. Sie sind positiv, wenn Leistung aufgenommen wird.

Ebenso wird für einen latenten Wärmefluss von der Erdoberfläche an die Atmosphäre (Evapotranspiration) ein Beitrag

$$P_L = l_W \cdot P_E \quad (4.9)$$

angesetzt, der ebenfalls proportional zu P_E anwachsen möge. l_W ist der Proportionalitätsfaktor für den latenten Wärmefluss.

Unter Berücksichtigung von Konvektions- und Wärmeleitungseffekten an der Grenzschicht Erde-Luft ergibt sich dann mit dem Leistungsaustausch P_K ein gekoppeltes Bilanz-Gleichungssystem für das System Atmosphäre-Erde, für das sich jeweils die zufließenden und abgehenden Leistungen die Waage halten:

Atmosphäre: $P_{SA} + \quad (a_W + l_W) \cdot P_E \quad - \quad (1 - t_A) \cdot P_A \quad + P_K = 0$. (4.10)
Erde: $P_{SE} - (1 - t_E - r_c(1 - a_W)(1 - r_W) + l_W) \cdot P_E + (1 - r_W) \cdot f_A \cdot P_A - P_K = 0$

Dieses Gleichungssystem enthält zunächst drei Unbekannte, die Leistungen P_A, P_E und P_K, die jeweils über die Temperaturen T_A und T_E der Atmosphäre und der Erde miteinander verknüpft sind.

Für die Erde als Planck'scher Strahler gilt dabei das Stefan-Boltzmann'sche Gesetz

$$P_E = e_E \cdot \sigma \cdot A^R \cdot T_E^4 \quad (4.11a)$$

mit e_E als Emissionsgrad der Erde, $\sigma = 5.67 \cdot 10^{-8}$ W/m²/K⁴ als Stefan-Boltzmann-Konstante und A^R als Fläche der betrachteten Klimaregion.

Um auch die Atmosphäre durch eine mittlere Temperatur T_A charakterisieren zu können, wird auch hierfür das Stefan-Boltzmann-Gesetz herangezogen. Dabei ist zu berücksichtigen, dass von der insgesamt abgestrahlten Leistung P_A für den abwärts gerichteten Anteil f_A anzusetzen ist:

$$f_A \cdot P_A = e_A \cdot \sigma \cdot A^R \cdot T_A^4 \quad (4.11b)$$

mit e_A als Emissionsgrad der Atmosphäre.

T_A wird im Weiteren nur benötigt, um hiermit den Konvektionsstrom berechnen zu können, der das System Erde-Atmosphäre miteinander verkoppelt und von der Temperaturdifferenz zwischen den zwei Lagen abhängt:

$$P_K = h_K \cdot (T_E - T_A) \quad (4.12)$$

mit h_K als Wärmeübergangskoeffizient.

Die Gln (4.11) und (4.12) zusammen liefern die dritte Beziehung, die zur Lösung des Bilanz-Gleichungs-Systems mit drei Unbekannten erforderlich ist.

Durch Substitution von P_A in Gl. (4.10) ergibt sich nach Umformung für P_E

$$P_E = \frac{\beta P_{SA} + (1-t_A)P_{SE} + (\beta - 1 + t_A)P_K}{\alpha(1-t_A) - \beta(a_W + l_W)} \quad (4.13)$$

und nach Einsetzen in die obere Beziehung von Gl.(4.10) dann für P_A

$$P_A = \frac{1}{1-t_A}\left(P_{SA} + (a_W + l_W) \cdot \frac{\beta P_{SA} + (1-t_A)P_{SE} + (\beta - 1 + t_A)P_K}{\alpha(1-t_A) - \beta(a_W + l_W)} + P_K\right) \quad (4.14)$$

mit α und β als Abkürzungen für:

$$\alpha = 1 - t_E - r_c(1-a_W)(1-r_W) + l_W; \qquad \beta = (1-r_W) \cdot f_A. \quad (4.15)$$

Die Gln. (4.13) und (4.14) hängen jeweils noch von P_K ab. Durch Berechnung eines Anfangswerts für P_E und P_A mit $P_K = 0$ und damit auch von Anfangstemperaturen T_E^0 und T_A^0 nach Gl.(4.11a,b) lässt sich dann ein erster Wert für P_K ermitteln, der dann als verbesserter Wert wieder in Gl. (4.13) und (4.14) eingesetzt wird, um so schrittweise neue Temperaturen zu bestimmen, bis das Gleichungssystem Selbstkonsistenz zeigt.

Die in einer ersten Schleife ermittelten Temperaturen werden wiederum herangezogen, um die entsprechend Abb. 2.13 von der Temperatur abhängige kurz- und langwellige Absorption und ebenso den temperaturabhängigen Asymmetriefaktor f_A (siehe Abb. 3.5) nachzukorrigieren, bis sich auch hierfür Selbstkonsistenz in den Temperaturen eingestellt hat.

5. Einfluss von Kohlenstoffdioxid auf das Klima

Das in Kapitel 4 entwickelte Klimamodell wird mit den in Kapitel 2 und 3 angegebenen Daten für die kurz- und langwellige Absorption herangezogen, um hiermit die Erwärmung in den drei Klimazonen getrennt ebenso wie global für die Erde in Abhängigkeit von der CO_2-Konzentration in der Atmosphäre simulieren zu können.

Die Berechnungen hierzu erfolgen über ein Pascal-Programm, das auf der Programmieroberfläche *PhysCAL* [27] läuft und eine einfache Bedieneroberfläche für Ein- und Ausgabedaten sowie für die graphische Darstellung der Ergebnisse besitzt.

Für die Simulation wird ausgegangen von den in Tabelle 5.1 aufgeführten Parametern, die entsprechend der jeweiligen Klimazone zur Anwendung kommen.

A^R stellt hier die Gesamtfläche einer Zone oder klimatischen Region dar, über die entsprechend dem Stefan-Boltzmann-Gesetz die Erde als Planck'scher Strahler wirkt. Die Projektionsfläche A^R_{pro} dagegen bezieht sich auf die der Sonne ausgesetzte Seite.

Die Werte für die kurzwellige Absorption a_{SW} gelten jeweils für die durch Wasserdampf, CH_4 und CO_2 (bei *380 ppm*) verursachten Dämpfungen, während eine zusätzliche Absorption des kurzwelligen Sonnenlichts durch Ozon als a_{O3} getrennt hiervon aufgeführt ist. Da die *HITRAN-Datenbank* keine Spektren für den UV-Bereich enthält, wird in guter Näherung von einer vollständigen Absorption unterhalb von *320 nm* durch Ozon ausgegangen.

Die langwellige Absorption a_{LW} schließt bereits das Ozon mit ein und gilt ebenfalls für CO_2 bei *380 ppm*.

Einige Parameter in Tabelle 5.1 sind nur relativ grob bekannt und müssen daher geschätzt werden. Es zeigt sich aber, dass im Wesentlichen nur zwei Größen, die Konvektion und die langwellige Rückstreuung an Wolken, eine empfindlichere Rückwirkung auf die Klimasensitivität besitzen, während andere Parameter hierauf einen deutlich geringeren Einfluss haben.

Es wird daher zunächst durch die Wahl der Parameter sichergestellt, dass für eine Klimazone die jeweilige Bodentemperatur mit dem daraus resultierenden Strahlungsfluss der Erde in Richtung Atmosphäre und ebenso die von der Atmosphäre aufwärts oder abwärts gerichtete Strahlung entsprechend dem *RT*-Modell (siehe Tabelle 3.1) bei dem jeweils zugrunde liegenden Temperaturprofil der Atmosphäre exakt simuliert werden kann. Hierdurch erfolgt gewissermaßen eine weitgehende Anpassung und Eichung des Klimamodells für *380 ppm* CO_2 an die jeweiligen Klimagegebenheiten einer Region, die auch die Basis bei der Aufstellung des Modells bildeten.

5. Einfluss von Kohlenstoffdioxid auf das Klima

Tabelle 5.1: Zusammenstellung der Fit-Parameter für die drei Klimazonen

Parameter	Einheit	Symbol	Tropen	gemäßigt	polar
Oberflächentemperatur	°C	T_E	26	8	-7
Gesamtzonenfläche	$10^{12} m^2$	A^R	256.0	207	48.7
Projectionsfläche	$10^{12} m^2$	A^R_{pro}	79.2	44.1	6.3
atmosphärische Albedo	%	r_A	25	25	25
Oberflächenalbedo	%	r_E	14.4	4.4	13.5
kw Absorption	%	a_{SW}	15.22	13.43	13.28
T-Abhängigkeit	%/°C	da_{SW}/dT	0.185	0.185	0.185
kw O_3-Absorption	%	a_{O3}	5	5	5
Asymmetrie-Faktor	%	f_A	63.56	60.61	58.09
T-Abhängigkeit	%/°C	df_A/dT	0.165	0.165	0.165
lw Absorption	%	a_{LW}	76.83	72.49	67.98
T-Abhängigkeit	%/°C	da_{LW}/dT	0.215	0.272	0.330
lw Wolkenabsorption	%	a_c	4	6	6
lw Wolkenrückstreuung	%	r_c	35	40	50
lw Oberflächenreflexion	%	r_w	5	5	5
Emissionskoeff. Erde	%	$e_E = 1 - r_w$	95	95	95
Emissionskoeff. Atmosph	%	e_A	100	100	100
Konvektionskoeffizient	$W/m^2/K$	h_K	0.5	0.5	0.3
latenter Wärmekoeff.	%	l_w	26.2	24.9	20.4
konvek & latent W.-fluss	W/m^2	$l_K + l_w \cdot l_E$	11.0+112.9	12.2+83.7	8.1+55.2
Transferfaktor Atmosph.	%	t_A	-1.99	1.35	10.0
Erde	%	t_E	-1.5	0.25	11.27
Leistung zur Nachbarzone	$10^{15} W$	$P_{TA} + P_{TE}$	-2.68-1.65	1.13+0.17	1.56+1.48

Ausgehend von den so gefundenen Parametern startet dann die eigentliche Simulation, die zum Ziel hat, die Änderung der Bodentemperatur aufgrund einer erhöhten CO_2 – Konzentration in der Atmosphäre zu ermitteln. Hierzu wird auf die in Tabelle 2.6-2.8 (Spalte 6 und 7) aufgelisteten Absorptionen für unterschiedliche CO_2-Konzentrationen zurückgegriffen und hiermit eine neue der jeweiligen Konzentration

5. Einfluss von Kohlenstoffdioxid auf das Klima

entsprechende Oberflächentemperatur berechnet. Dabei wird die sich mit der Temperatur verändernde Absorption (siehe Abb.2.13, oft als Wasserdampfrückkopplung bezeichnet), und ebenso die sich mit der Temperatur sowie dem Temperaturgefälle verändernde atmosphärische Abstrahlung (siehe Abb. 3.5) berücksichtigt.

5.1 Simulation für Tropengebiete

Für die Rückstreuung des Sonnenlichts an Wolken und Aerosolen wird ein Wert von r_A = 25 % und für die Reflexion an der Erdoberfläche von r_E = 14.4 % zugrunde gelegt. Dies ergibt zusammen die planetare Albedo für die Tropenregionen.

Die an Wolken auftretende Absorption der von der Erde ausgehenden Wärmestrahlung sowie Mie-Streuung an Wassertröpfchen wird mit a_C = 4 % und r_C = 30 % berücksichtigt.

Die an den Wolken gestreute ebenso wie die von der Atmosphäre in Richtung Erde ausgehende Strahlung wird an der Erdoberfläche mit einem Reflexionsgrad r_W = 5 % reflektiert. Da nach der Energieerhaltung der nichtreflektierte Anteil von der Erde absorbiert wird und der Absorptionsgrad eines Körpers nach dem Kirchhoff'schen Gesetz gleich seinem Emissionsgrad e_E sein muss, berechnet sich letzterer zu e_E = $1 - r_W$ = 95 %.

Der Wärmeübertragungskoeffizient h_K, durch den die Effizienz des Wärmeausgleichs zwischen Erdoberfläche und Atmosphäre durch Konvektion und Wärmeleitung bestimmt wird, ist mit h_K = 0.5 $W/m^2/°C$ angesetzt und führt unter den gewählten Bedingungen zu einer Leistungsabgabe an die Atmosphäre von P_K = $2.8 \cdot 10^{15}$ W oder einem Leistungsfluss I_K = P_K/A^T = 11 W/m^2.

Ein latenter Wärmefluss durch Evapotranspiration an der Erdoberfläche und Freigabe von Kondensationswärme in der Troposphäre wird mit I_L = P_L/A^T = $I_w P_E/A^T$ = 112.9 W/m^2 berücksichtigt. Bezogen auf die von der Erde abgegebene Leistung P_E beträgt sie 26.2%.

Für die Transferfaktoren t_A und t_E schließlich, durch die festgelegt wird, wie viel an gespeicherter Wärme durch atmosphärischen und terrestrischen Transport in die Gemäßigten Breiten abfließt, werden Werte von t_A = -2.0 % und t_A = -1.5 % zugrunde gelegt. Dies entspricht einer abgegebenen Gesamtleistung von $4.33 \cdot 10^{15}$ W, wobei die emittierte Strahlungsleistung der tropischen Atmosphäre entsprechend Gl. (4.14 u. 4.15) einen Wert von P_A = $1.35 \cdot 10^{17}$ W und die der tropischen Erdregion einen Wert von P_E = $1.1 \cdot 10^{17}$ W erreicht.

Eine Simulation der Erdtemperatur T_E mit diesen Parametern als Funktion der steigenden CO_2-Konzentration ist in Abb. 5.1 wiedergegeben.

Für die Klimasensitivität, also dem Temperaturanstieg bei Verdoppelung der aktuellen CO_2-Konzentration auf 760 ppm, ergibt sich so ein Wert von C_S = 0.61°C. Dieser Wert wird von den meisten in Tabelle 5.1 aufgeführten Parametern nur vergleichsweise geringfügig beeinträchtigt. Eine Ausnahme bilden der Wärmeübertragungskoeffizient h_K und die langwellige Rückstreuung r_C von den Wolken. So schlägt mit wachsendem Einfluss der Konvektion und damit stärkerer Wärmekopplung zwischen Atmosphäre und Erde die höhere CO_2-Empfindlichkeit der Atmosphäre entsprechend stärker auf die Erdtemperatur T_E durch, gleichzeitig aber wird T_E hierdurch auch weiter abgesenkt. Im Unterschied hierzu steigt die Erdtemperatur mit wachsender Rückstreuung der langwelligen Strahlung an den Wolken, also aufgrund des eigentlichen Treibhauseffekts, gleichzeitig reduziert sich hierdurch aber der durch CO_2-Absorption verursachte Anteil in der Gesamtenergiebilanz und führt damit zu einer abnehmenden Klimasensitivität.

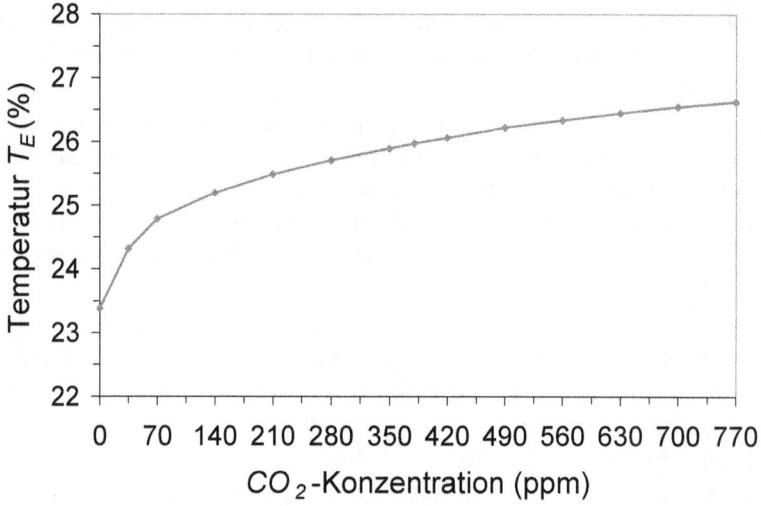

Abb. 5.1: Simulation der Erdtemperatur als Funktion der CO_2-Konzentration für die Tropengebiete. Parameter entsprechend Tabelle 2.6 und 5.1.

Für $h_K = 0$ fällt C_S auf $0.55°C$, und die mittlere Bodentemperatur steigt bei sonst gleichen Parametern um $1.3°C$, für $h_K = 1$ $W/m^2/°C$ dagegen wächst C_S auf $0.67°C$ an, während die Erde sich um $1.2°C$ abkühlt.

Da die Größe der Konvektion zwischen Boden und Luft beziehungsweise Wasser und Luft durch viele Einflüsse wie Vegetation, Bodenbeschaffenheit oder Wind- und Meeresströmungen beeinflusst wird, kann h_K nur relativ ungenau angegeben werden. Für eine definierte Grenzschicht zwischen Wasser und Luft liegt der Übertragungskoeffizient bei $h_K \approx 5$ $W/m^2/K$, hängt aber stark von der Strömungsgeschwindigkeit an der Grenzschicht ab. Höhere Windgeschwindigkeiten führen dabei tendenziell zu einer größeren Konvektion (größeres h_K) und damit zu einer Absenkung der Bodentemperatur.

In der obigen Simulation wurde dagegen von einem vergleichsweise niedrigen Wert von nur 0.5 $W/m^2/°C$ ausgegangen. Der Grund hierfür ist, dass die Konvektionsleis-

5. Einfluss von Kohlenstoffdioxid auf das Klima

tung nach Gl. (4.12) von der Temperaturdifferenz $T_E - T_A$ bestimmt wird, diese aber mit mehr als 20°C einen deutlich größeren Wert besitzt, als es den Verhältnissen an der Grenzschicht Erde-Luft entspricht. T_A repräsentiert in dem Klimamodell eine mittlere Temperatur, durch die die Atmosphäre hinsichtlich ihrer dort gespeicherten Wärme charakterisiert wird, nicht aber die aktuelle Temperatur der Luft an der Grenzschicht, die für den Konvektionsprozess entscheidend ist. Es ist vielmehr davon auszugehen, dass bis zu *100 m* oder sogar einigen *100 m* Höhe über dem Boden die Luft sich nur um einige zehntel Grad unterscheidet und damit der effektive Wärmeaustausch entsprechend niedriger ausfällt. Diese reduzierte Konvektionsleistung an der Grenzschicht kann in den Rechnungen durch eine effektiv kleinere Temperaturdifferenz oder durch einen kleineren Übertragungskoeffizienten, wie hier geschehen, berücksichtigt werden. Ein Wert für h_K = *0.5 W/m²/°C* mit einem Leistungsfluss l_K = *11 W/m²* entspricht daher einer Situation, die bereits stärkere Konvektion vorsieht und damit eher eine obere Grenze für die Klimasensitivität liefert (siehe auch Ref. 28-30).

In diesem Zusammenhang ist anzumerken, dass die Abgabe von Erdwärme nur über reine Wärmeleitung in der Atmosphäre vollständig vernachlässigt werden kann. Für den Wärmestrom pro Querschnittsfläche $\dot{q}$ gilt dabei:

$$\dot{q} = \lambda \frac{dT}{dh} \qquad (5.1)$$

mit λ als Wärmeleitfähigkeit und dT/dh als Änderung der Temperatur mit der Höhe h. Für Wärmeleitung in Luft mit λ = *0.026 W/m/°C* und der Temperaturabnahme mit der Höhe über dem Erdboden von dT/dh = $6.5 \cdot 10^{-3}$ °C/m, wie sie aus dem Standard-Atmosphärenmodell folgt (siehe Tabelle 2.2), ergibt sich hiernach eine Wärmestromdichte von $\dot{q}$ = *0.17 mW/m²*, die fast 5 Größenordnungen kleiner ist als die zugrunde gelegte Konvektion.

Eine Absenkung der langwelligen Streuung auf r_C = 30 % bei sonst gleichen Parametern würde die Bodentemperatur um *1.1°C* absenken und die Klimasensitivität auf C_S = *0.72°C* anheben, eine Erhöhung von r_C auf *40 %* führt zu einem Temperaturanstieg um *1.2°C* und einer verminderten Klimaempfindlichkeit von C_S = *0.50°C*.

Die sich bei Variation von h_K und r_C ergebenden Werte für die Klimasensitivität C_S und Erdtemperatur T_E sind in Tabelle 5.2 aufgelistet.

Aus Abb. 5.1 ist deutlich zu erkennen, wie sich das Sättigungsverhalten in der Absorption, das für die kurzwellige Strahlung in Abb. 2.5 und für die Wärmestrahlung in Abb. 2.12 dargestellt wurde, auf die Temperatur und damit auf die Klimasensitivität bei wachsendem CO_2-Anteil in der Atmosphäre überträgt.

Bemerkenswert in diesem Zusammenhang ist, dass die mit wachsender Temperatur ansteigende kurz- und langwellige Absorption (siehe Abb. 2.13) auf die Klimasensitivität kaum einen Einfluss zeigt. Ohne Berücksichtigung dieses Einflusses auf das sich einstellende Temperaturgleichgewicht würde die Klimasensitivität *0.07°C* niedriger liegen. Dies lässt sich daraus erklären, dass die Änderungen in beiden Spektralbereichen etwa gleich groß ausfallen und dadurch die der Sonne entzogene Energie als Verlust in der Direktstrahlung durch die erhöhte Absorption sowohl der kurz- wie langwelligen Strahlung in der Atmosphäre zu einem wesentlichen Teil kompensiert wird.

Etwas stärker macht sich dagegen die Temperaturabhängigkeit der atmosphärischen Rückstreuung bemerkbar, die ohne Korrektur um *0.16°C* geringer ausfallen würde.

Tabelle 5.2: Klimasensitivität und Bodentemperatur bei Änderung von h_K und r_C.

Tropen	Wärmetransfer h_K in $W/m^2/°C$ bei r_C = 35 %			Rückstreuung r_C an Wolken in % bei h_K = 0.5 $W/m^2/°C$		
	0	0.5	1	30	35	40
C_S (°C)	0.55	0.61	0.67	0.72	0.61	0.50
T_E (°C)	27.3	26.0	24.8	24.9	26.0	27.2

5.2 Simulation für Gemäßigte Breiten

Die Gesamtfläche dieser Klimazone ist nur um ca. ein Fünftel kleiner, die Projektionsfläche dagegen, die einen unmittelbaren Einfluss auf die zugeführte Sonnenenergie besitzt, ist gegenüber der Tropenregion deutlich geschrumpft und dafür verantwortlich, dass sich eine entsprechend niedrigere Boden- und Atmosphärentemperatur einstellt.

Die Albedo der Atmosphäre wird wie in der Tropenregion mit r_A = 25 % angesetzt. Dagegen reduziert sich der Reflexionsgrad des Sonnenlichts an der Erdoberfläche aufgrund der erhöhten Vegetation und wird auf r_E = 4.4 % abgesenkt. Aufgrund der stärkeren Bewölkung in den Gemäßigten Breiten und einer tiefer liegenden Wolkendecke ist davon auszugehen, dass die langwellige Rückstreuung zunimmt, da sie an einer tieferen Wolkenschicht effektiver als bei einer hochstehenden Bewölkung auf die Erde zurückwirkt. Hierfür wird ein Wert von r_C = 40 % zugrunde gelegt. Ebenso ist von einer Erhöhung der Absorption an Wolken auszugehen. Sie wird auf a_C = 6 % festgesetzt, während die Ozonabsorption unverändert mit a_{O3} = 5 % berücksichtigt wird.

Der Wärmetransfer von den Tropen und z.T. weiter in die Polarregionen wird über die Transferfaktoren t_A und t_E so angepasst, dass einerseits die abgegebenen und aufgenommenen Energien für die Atmosphäre wie den Boden zwischen den drei Klimazonen die Energieerhaltung erfüllen, andererseits zusammen mit der Rückstreuung an Wolken die errechnete Bodentemperatur (bei *380 ppm* CO_2-Gehalt) mit der mittleren Temperatur der Gemäßigten Breiten von *8°C* übereinstimmt.

5. Einfluss von Kohlenstoffdioxid auf das Klima

Aufgrund der niedrigeren Bodentemperatur nimmt die Evapotranspiration für die gemäßigten Breiten ab. Sie reduziert sich mit $l_W = 24.9\%$ auf $l_L = 83.7 \, W/m^2$. Die weiteren Parameter entsprechen den Werten für die Tropenregion.

Mit einem Wärmeübertragungskoeffizient $h_K = 0.5 \, W/m^2/°C$ ergibt sich in diesem Fall ein Leistungsfluss $l_K = 12.2 \, W/m^2$. Die Wärmetransferfaktoren mit $t_A = 1.35 \, \%$ und $t_E = 0.25 \, \%$ führen zu einem Netto-Leistungstransfer von den Tropen und z.T. weiter an die Polargebiete von $P_T = 1.3 \cdot 10^{15} \, W$. Die von der Atmosphäre abgestrahlte Leistung beträgt $P_A = 8.4 \cdot 10^{16} \, W$ und die von der Erde $P_E = 7.0 \cdot 10^{16} \, W$.

Der Temperaturverlauf für diese Klimazone als Funktion der CO_2-Konzentration ist aus Abb. 5.2 ersichtlich. Auch hier ist eine deutliche Abschwächung im Anstieg der Erdtemperatur mit wachsendem CO_2-Gehalt zu erkennen.

Die Klimasensitivität der Gemäßigten Breiten mit $C_S = 0.59°C$ ist leicht niedriger als für die Tropenregion. Dies erklärt sich daraus, dass trotz des geringeren Wassergehalts in der Atmosphäre und der weniger effektiven Abschirmung von CO_2-Banden ein Anstieg in der Klimaempfindlichkeit durch die erhöhte Rückstreuung von Wärmestrahlung wieder kompensiert wird. Der Einfluss auf C_S und T_E bei Veränderung der Konvektion und Rückstreuung ist aus Tabelle 5.3 ersichtlich.

Auch in diesem Fall macht sich die Temperaturabhängigkeit der kurz- und langwelligen Absorptionen nur mit $0.06°C$ bemerkbar.

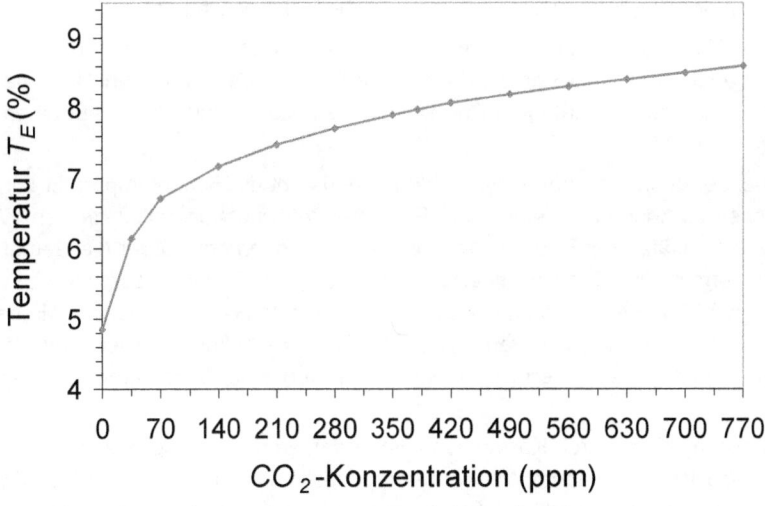

Abb. 5.2: Simulation der Erdtemperatur als Funktion der CO_2-Konzentration für die Gemäßigten Breiten. Parameter entsprechend Tabelle 2.7 und 5.1.

Tabelle 5.3: Klimasensitivität und Bodentemperatur für die Gemäßigten Breiten bei Änderung von h_K und r_C.

gem. Zonen	Wärmetransfer h_K in $W/m^2/°C$ bei $r_C = 40\%$			Rückstreuung r_C an Wolken in % bei $h_K = 0.5\ W/m^2/°C$		
	0	0.5	1	35	40	45
C_S (°C)	0.49	0.59	0.65	0.72	0.59	0.46
T_E (°C)	9.9	8.0	6.4	6.8	8.0	9.3

5.3 Simulation für Polargebiete

Die Polaren Gebiete decken nur knapp 10% der Erdoberfläche ab, und hiervon hat sich die Projektionsfläche für den mittleren Sonneneinfall auf *13%* der Polregionen reduziert. Dies trägt zu der weiteren Absenkung der Temperaturen gegenüber den Gemäßigten Breiten bei mit einer mittleren Bodentemperatur von -7°C.

Die für diese Regionen berechneten Absorptionen durch Wasserdampf, Methan, Ozon und Kohlenstoffdioxid für die Sonnen- und Wärmestrahlung sind in Tabelle 2.8 aufgeführt, die weiteren Parameter für die Simulation der Bodentemperatur als Funktion der CO_2-Konzentration sind aus Tabelle 5.1 ersichtlich.

Für die Albedo der Atmosphäre wird wie in den anderen Regionen von $r_A = 25\%$ ausgegangen, die Reflexion an der Erdoberfläche (teils Schnee und Eis) steigt im Vergleich zu den Gemäßigten Breiten dagegen wieder deutlich an auf einen Wert von $r_E = 13.5\%$.

Um bei der geringen Sonneneinstrahlung überhaupt die Bodentemperatur von -7°C erreichen zu können, ist eine hohe Rückstreuung und Absorption an den Wolken sowie ein zusätzlicher Energietransport von der Tropenregion über die Gemäßigten Breiten erforderlich. Die Rückstreuung wird mit $r_C = 50\%$, die Absorption an Wolken mit $a_C = 6\%$ und durch Ozon mit $a_{O3} = 5\%$ angesetzt. t_A und t_E werden wie bei den Gemäßigten Breiten so gewählt, dass die Energieerhaltung für den Transfer zwischen den Klimazonen erfüllt ist und die gewünschte Bodentemperatur erreicht wird.

Der Leistungsfluss durch Konvektion vom Boden an die Atmosphäre ergibt sich hier zu $l_K = 8.1\ W/m^2$ bei einem Wärmeübertragungskoeffizienten von $h_K = 0.3\ W/m^2/°C$. Der über Evapotranspiration abgegebene Leistungsfluss reduziert sich mit $l_W = 20.4\%$ auf $l_L = 55.2\ W/m^2$. Die über Strahlung abgeführte Leistung der Polargebiete beträgt so $P_A = 1.6 \cdot 10^{16}\ W$ und $P_E = 1.3 \cdot 10^{16}\ W$.

Der mit obigen Parametern simulierte Temperaturverlauf für die Polare Klimazone ist als Funktion der CO_2-Konzentration in Abb. 5.3 dargestellt.

5. Einfluss von Kohlenstoffdioxid auf das Klima

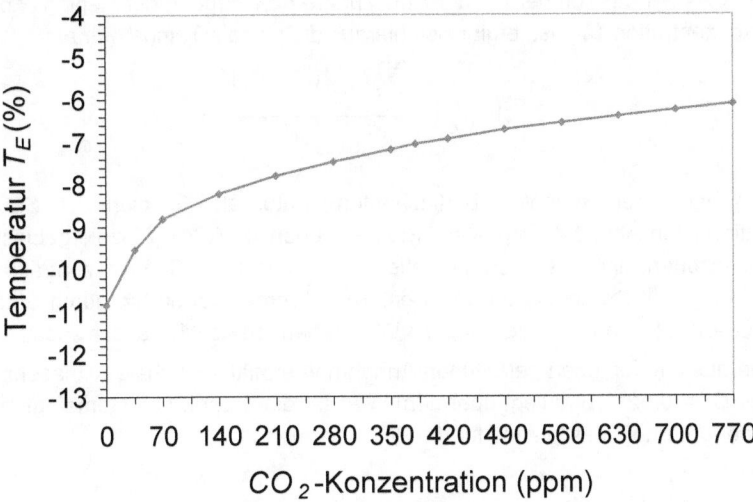

Abb. 5.3: Simulation der Erdtemperatur als Funktion der CO_2-Konzentration für die Polargebiete. Parameter entsprechend Tabelle 2.8 und 5.1.

Für die Klimasensitivität ergibt sich ein Wert von $C_S = 0.87°C$, der sich daraus erklärt, dass der Wasseranteil gegenüber den Gemäßigten Breiten noch weiter abgefallen ist. Die Änderung der kurz- und langwelligen Absorption mit der Temperatur trägt hierzu mit $0.14°C$ bei. Der Einfluss von h_K und r_C auf C_S und T_E ist aus Tabelle 5.4 zu ersehen.

Tabelle 5.4: Klimasensitivität und Bodentemperatur für die Polarregionen bei Änderung von h_K und r_C.

polare Zonen	Wärmetransfer h_K in $W/m^2/°C$ bei $r_C = 50\%$			Rückstreuung r_C an Wolken in % bei $h_K = 0.3\ W/m^2/°C$		
	0	0.3	0.6	45	50	55
C_S (°C)	0.73	0.87	1.0	1.14	0.87	0.60
T_E (°C)	-5.0	-7.0	-8.7	-9.0	-7.0	-4.9

5.4 Globale Erwärmung und Strahlungsbilanz

Für die Ermittlung der globalen Temperatur als Funktion der CO_2-Konzentration sind die für die einzelnen Klimazonen berechneten Temperaturen zunächst mit der Fläche A^R der jeweiligen Zone zu wichten, und hieraus ist dann der gewichtete Mittelwert zu bilden.

5. Einfluss von Kohlenstoffdioxid auf das Klima

Wenn $T^R_{A,E}[C_{CO_2}]$ die Temperatur der Atmosphäre bzw. Erde in der Region R bei der CO_2-Konzentration C_{CO_2} ist, ergibt sich hieraus die globale Temperatur als

$$T^G_{A,E}[C_{CO_2}] = \frac{\sum_R T^R_{A,E}[C_{CO_2}] \cdot A^R}{\sum_R A^R}. \tag{5.2}$$

Die so berechnete globale Oberflächentemperatur als Funktion der CO_2-Konzentration ist in Abb. 5.4 dargestellt. Sie zeigt ebenso wie die Einzelergebnisse für die Klimazonen einen Temperaturanstieg mit wachsender CO_2-Konzentration, der sich aber, wie nicht anders zu erwarten, zu größeren Werten hin durch Sättigung der CO_2-Banden und Überlagerung mit Wasserbanden deutlich abschwächt.

Die hieraus mit den oben getroffenen Annahmen ermittelte globale Klimasensitivität beträgt C_S = 0.62°C und liegt über dem Wert für die Tropen und Gemäßigten Breiten, aber unterhalb des Wertes für die Polarregionen.

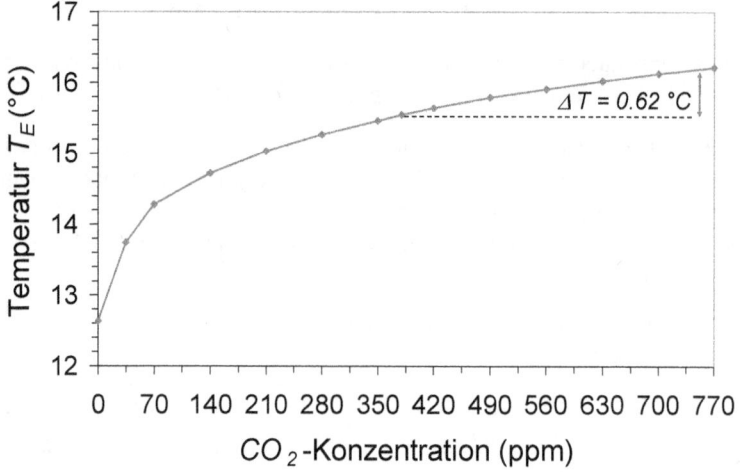

Abb. 5.4: Berechnete globale Oberflächentemperatur als Funktion der CO_2-Konzentration.

Wird für alle Klimazonen in gleicher Weise eine um *5%* (absolut) reduzierte Rückstreuung zugrunde gelegt, erhöht sich der Wert für C_S um *0.14°C* und die globale Temperatur sinkt um *1.2°C*. Bei einer weiteren Erhöhung des Konvektionsanteils, der aus den angeführten Gründen mit h_K = *0.5* bzw. *0.3* W/m²/°C bereits als vergleichsweise hoch einzuschätzen ist, ergibt sich bei einer Verdoppelung ein Anstieg für C_S um *0.07°C* und eine Abnahme der Temperatur um *1.4°C*.

Tabelle 5.5 enthält eine Zusammenstellung der berechneten Strahlungs- bzw. Leistungsflüsse in und zwischen den drei Klimazonen zusammen mit den relevanten Parametern. Abb. 5.5 zeigt diese Ergebnisse nochmals in graphischer Form.

5. Einfluss von Kohlenstoffdioxid auf das Klima

Tabelle 5.5: Strahlungs- bzw. Leistungsflüsse in und zwischen den drei Klimazonen.

Klimazone		Tropen		Gem. Breiten		Polargebiete		global
Größen	Formel / Symbol	Parameter	Fluss W/m²	Param	Fluss W/m²	Param	Fluss W/m²	Fluss W/m²
Oberflächentemperatur	T_E (°C)	26.00		8.00		-7.00		15.57
Atmosphärentemperatur	T_A (°C)	3.97		-16.50		-33.98		-7.93
Sonnenintensität an TOA	$I_O = E_s * A_{pro}/A^R$		423.1		291.4		176.2	346.3
Reflexion an Atmospäre	$r_A * I_O$	0.250	105.8	0.250	72.8	0.250	44.1	86.6
Intensität in Atmosphäre	$I_S = (1-r_A)*I_O$	0.050	317.3	0.050	218.5	0.050	132.2	259.7
absorb. Sonnenintensität	$(a_{SW}+a_{O3})*I_S$	0.152	64.2	0.134	40.3	0.133	24.2	50.7
Reflexion an Erde	$r_E(1-a_{SW}-a_{O3})*I_S$	0.144	36.5	0.044	7.8	0.135	14.5	22.8
Sonnenfluss in Erde	$(1-r_E)(1-a_{SW}-a_{O3})*I_S$		216.6		170.5		93.5	186.2
abgestr. Intens. von Erde	$I_E = P_E/A^R$		431.4		336.6		270.3	377.7
absorbierte lw Strahlung	$(a_{LW}+a_O)*I_E$	0.768	348.7	0.725	264.2	0.680	200.0	300.3
Reflektion von Wolken	a_C	0.040	28.9	0.060	29.0	0.060	35.2	29.5
transmitt. Fluss v. Erde	$r_C(1-a_{LW}-a_O)*I_E$	0.350	53.8	0.400	43.4	0.500	35.2	47.8
Leistung zu Nachbarzone	$P_{TE} = t_E * P_E$ (10¹⁵ W)	0.015	-1.7	0.003	0.2	0.113	1.5	
Abwärtsfluss v. Atmosph.	$I_A = f_A * P_A/A^R$	0.635	334.4	0.606	246.0	0.581	185.5	284.4
Aufwärtsfluss v. Atmosph.	$(1-f_A)*P_A/A^R$		191.9		159.9		133.9	173.4
lw Reflexion an Erde	$r_W*[r_C(1-a_{LW}-a_O)*I_E+I_A]$	0.050	18.2	0.050	13.7	0.050	11.0	15.7
Fuss zurück zur Erde	$(1-r_W)[r_C(1-a_{LW}-a_O)*I_E+I_A]$		345.2		261.2		209.7	298.3
Leistung zu Nachbarzone	$P_{TA} = t_A * P_A$ (10¹⁵ W)	0.020	-2.7	0.014	1.1	0.100	1.6	
Konvektionsfluss	$I_K = h_K*(T_E-T_A)$	0.500	11.0	0.500	12.2	0.300	8.1	11.2
latenter Wärmefluss	$I_L = I_W * I_E$	0.262	112.9	0.249	83.7	0.204	55.2	95.6
Klimasensitivität	C_S (°C)	0.61		0.59		0.87		0.62

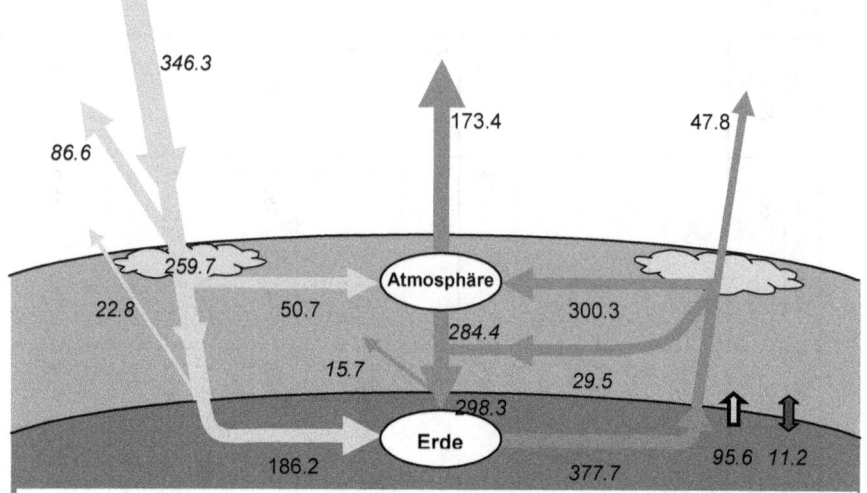

Abb. 5.5: Strahlungsflüsse zwischen Erde, Atmosphäre und All. Werte in W/m^2.

Alle Flüsse sind in W/m^2 angegeben. Die Werte unterscheiden sich z.T. etwas von den in der Literatur veröffentlichten Daten [7,37,41,42], die allerdings auch deutliche Differenzen untereinander aufweisen.

So wurde hier eine etwas höhere solare Rückstreuung angesetzt, die in der Gesamtbilanz aber durch eine niedrigere Reflexion an der Erdoberfläche wieder weitgehend kompensiert wird. Ebenso ist der mittlere latente Wärmefluss etwas höher als in anderen Veröffentlichungen, dafür der Konvektionsfluss leicht niedriger.

Kleinere Abweichungen ergeben sich bereits daraus, dass teilweise unterschiedliche Solarkonstanten verwendet werden und nicht alle absorbierenden Gase in der Atmosphäre berücksichtigt sind. In dieser Studie wurde darüber hinaus für die langwellige Reflexion an der Erdoberfläche (Wärmestrahlung) ein Reflexionsgrad von $r_W = 5\%$ und dementsprechend ein Emissionsgrad der Erdoberfläche von $e_E = 1 - r_W = 95\%$ zugrunde gelegt. Die Summe aus direkter atmosphärischer Abstrahlung ($173.4\ W/m^2$), der transmittierten terrestrischen Strahlung ($47.8\ W/m^2$) und der langwelligen Reflexion ($15.7\ W/m^2$) stimmt wieder sehr gut mit den vom *IPCC* veröffentlichten Daten überein.

Eine Diskrepanz von knapp 10% zeigt sich zu dem vom *IPCC* angegebenen Wert für die atmosphärische Rückstreuung ($324\ W/m^2$), die hier zu $298\ W/m^2$ ermittelt wurde und ebenfalls zu einem wesentlichen Teil aus der zusätzlich berücksichtigten Reflexion an der Erdoberfläche resultiert, aber auch durch eine weitere Erhöhung des Parameters r_C (Rückstreuung an Wolken) kompensiert werden kann. Letzteres hätte zur Folge, dass die Klimaempfindlichkeit hierdurch weiter abgesenkt würde.

5. Einfluss von Kohlenstoffdioxid auf das Klima

5.5 Bewertung der Ergebnisse

Die in diesem Kapitel zusammengestellten Ergebnisse zum Einfluss der Treibhausgase auf das Klima leiten sich ab aus den umfangreichen spektroskopischen Rechnungen zum Absorptionsvermögen dieser Gase sowie aus dem zugrunde gelegten Klimamodell, in das eine Reihe von weiteren Parametern einfließt, die nur zum Teil genauer bekannt sind. Es wird daher versucht, eine Einzelbewertung der relevanten Einflussgrößen und Ergebnisse vorzunehmen, um hieraus auf die Verlässlichkeit der angegebenen Werte zur Klimaempfindlichkeit schließen zu können.

5.5.1 Spektralrechnungen

Zweifellos den größten Einfluss hat hierbei das Absorptionsvermögen der betrachteten Gase und deren Querempfindlichkeit untereinander. Daher kommt den spektroskopischen Berechnung ein besonderes Gewicht zu. Zur Beschleunigung dieser Rechnungen wurden Isotopologe mit einer Häufigkeit kleiner *1%* gegenüber dem Haupt-Isotopolog und Linien mit einer spektralen Intensität kleiner 10^{-24} *cm/Molekül* vernachlässigt. Zum Vergleich sei angemerkt, dass die intensiveren Wasser- und Methanlinien eine Intensität von über 10^{-18} und die von CO_2 von mehr als 10^{-17} *cm/Molekül* besitzen. Kontrollrechnungen, bei denen alle Isotopologe und Linien niedrigerer Intensität berücksichtigt sind, zeigen eine minimal erhöhte Gesamtabsorption von bis zu *0.2%*, die aber das relative Absorptionsvermögen und damit den Einfluss von CO_2 und CH_4 gegenüber Wasser nicht merklich verändern.

Ein deutlich größerer Fehler entsteht für die Absorptionsberechnungen, wenn eine zu geringe spektrale Auflösung zugrunde gelegt wird. Hierdurch kann eine spektrale Überlappung von Linien vorgetäuscht werden, die bei genauerer Betrachtung nicht oder nur teilweise existiert und damit den Einfluss eines Gases gegenüber einem anderen leicht verändert. Auch wird eine mögliche bereits gesättigte Peak-Absorption einer Linie nicht genügend erfasst Die Rechnungen für den kurz- wie langwelligen Bereich wurden daher mit einer Auflösung von *1 GHz* oder besser durchgeführt, um sicherzustellen, dass Linien unter Normalbedingungen mit typischen Spektralbreiten von *5-10 GHz* noch gut getrennt werden können. In größeren Höhen nimmt die Linienbreite aufgrund der reduzierten Stoßverbreiterung zwar deutlich ab, sie beträgt in *10 km* Höhe noch typisch *1.5-2 GHz,* mit der zugrunde gelegten Auflösung von *1 GHz* können aber selbst unter diesen Bedingungen die Beiträge von verschiedenen Gasen noch unterschieden werden. Vergleichsrechnungen mit einer niedrigeren Auflösung zeigen die erwartete höhere Absorption, die durchaus um einige %-Punkte ansteigen kann, sie haben aber nur einen vergleichsweise kleinen Einfluss auf die CO_2-Empfindlichkeit, die leicht abgeschwächt wird. Umgekehrt ist daher hieraus zu schließen, dass Rechnungen mit noch höherer Auflösung keine merklichen Änderungen für die ermittelte Klimasensitivität ergeben. Immerhin setzt sich der Datensatz für die Berechnung der kurz- und langwelligen Absorption durch die Unterteilung in drei Klimazonen, die zu unterscheidenden Einfallswinkel, die Aufteilung in spektrale Unterfenster und die Berechnung für die unterschiedlichen CO_2-Konzentrationen bereits aus über 4400 Einzelspektren mit je 16384 Kanälen zusammen, wobei jedes dieser Spektren ihrerseits sich wieder aus 46 Einzelrechnungen, für die langwellige Strahlung sogar aus 228 Einzelspektren entsprechend der Zahl von vertikal unterteilten Höhenschichten zusammensetzt.

5.5.2 Wasserdampfverteilung

Um den Einfluss der Wasserdampfkonzentration auf die Klimasensitivität beurteilen zu können, wurden Vergleichsrechnungen mit einer um *30%* abgesenkten relativen Luftfeuchtigkeit für alle drei Klimazonen durchgeführt. Mit leicht modifizierten Werten für die im Klimamodell berücksichtigten Parameter, um so die Gesamtenergiebilanz und die Temperaturen in den Zonen wieder anzupassen, ergibt sich eine erhöhte Klimaempfindlichkeit, die global um knapp *0.2°C* ansteigt. Hieraus ist zu schließen, dass bei Unsicherheiten von wenigen % in der Feuchtigkeit oder auch leichten Modifikationen in der Höhenverteilung des Wasserdampfes sich dies auf die Klimasensitivität nur mit Änderungen von wenigen *hundertstel °C* auswirkt.

5.5.3 Aufteilung der Klimazonen

Sehr viel deutlichere Änderungen zeigen sich von einer Klimazone zur anderen. So ändert sich der Wasserdampfpartialdruck von den Tropen zu den Polen fast um einen Faktor 10 und führt zu signifikant unterschiedlichen Querempfindlichkeiten mit CO_2 und CH_4. Daher wurden die entsprechenden Rechnungen für die drei Klimazonen mit den entsprechend zugeordneten Flächenaufteilungen getrennt durchgeführt und für eine Angabe einer globalen Klimasensitivität entsprechend der jeweiligen Flächenanteile gewichtet. Für Veränderungen in der Aufteilung der Erdoberfläche in Ikosaeder-Teilflächen und deren Zuordnung zu den Klimazonen, die *10 %* nicht übersteigen, ergeben sich Auswirkungen auf die Sensitivität von einigen *hundertstel °C*.

5.5.4 Strahlungstransfer in der Atmosphäre

Die Rechnungen zum Strahlungstransfer mit dem *RT*-Modell werden maßgeblich von der genauen Kenntnis des Temperaturprofils, dem spektralen Auflösungsvermögen und der gewählten Schichtdicke bestimmt. Daher wurde für diese Rechnungen der Infrarotbereich in *10* Unterfenster mit einer Mindestauflösung von *1 GHz* unterteilt und mit einer Schichtenzahl von *228* Lagen (entspricht einer Schichtdicke von *100 m* über die Troposphäre) gerechnet. Eine verminderte Auflösung führt tendenziell zu einem geringeren abwärts gegenüber dem aufwärts gerichteten Strahlungsfluss und dementsprechend zu einem reduzierten Asymmetriefaktor f_A. Hieraus resultiert wiederum ein niedrigerer Wert für die Klimasensitivität, die unter der Annahme, dass die atmosphärische Eigenabstrahlung vollständig symmetrisch erfolgt und andere Parameter etwa gleich bleiben, auf *0.4 °C* absinken würde. Bei der Lösung der Strahlungstransfergleichung mit der hier verwendeten Auflösung

5. Einfluss von Kohlenstoffdioxid auf das Klima

kann allerdings eine merkliche Rückwirkung auf die Klimaempfindlichkeit ausgeschlossen werden.

Der Einfluss über die Kenntnis des Temperatur- und Druckprofils kann abgeschätzt werden aus den Rechnungen für die verschiedenen Klimazonen und Temperaturen (siehe Abb. 3.5). So führt eine Abweichung von *1°C* in der Bodentemperatur zu einer Änderung $\Delta f_A \sim 0.2\%$ und macht sich in einer Änderung für C_s von etwa *0.2°C* bemerkbar. Eine solche Rückwirkung ist allerdings bereits im Klimamodell berücksichtigt. Erst wenn sich merkliche Abweichungen im Verlauf des Temperaturprofils zwischen einfacher und doppelter CO_2-Konzentration zeigen und sich über den Weg in der Atmosphäre nicht wieder herausmitteln, resultiert hieraus eine zusätzliche Unsicherheit. Sie wird mit *0.1°C* abgeschätzt.

5.5.5 Klimamodell

In das zugrunde gelegte Klimamodell gehen neben den explizit berechneten spektralen Absorptionsdaten der vier hier betrachteten Treibhausgase weitere Parameter ein, deren Größe allerdings nur z.T. bekannt ist. Die Simulationsrechnungen zeigen vor allem einen größeren Einfluss der zugrunde gelegten Konvektion und langwelligen Rückstreuung an Wolken auf die Klimasensitivität. Bei Verdoppelung der als bereits vergleichsweise hoch angesetzten Konvektion und einer Reduktion der Rückstreuung um *5%* von den betrachteten Werten ergeben sich je nach Klimazone Erhöhungen in der Klimasensitivität von bis zu *0.3°C* aus der Konvektion und *0.2°C* aus der Rückstreuung. Für die globale Sensitivität liegen die entsprechenden Werte bei *0.14°C* und *0.07°C*. Sie zeigen insbesondere, wie verlässlich die angegebenen Werte für die Klimasensitivität einzuschätzen sind.

Da keine genaueren Daten für die Konvektion zwischen Erde und Atmosphäre und ebenso keine exakten Angaben über die langwellige atmosphärische Rückstreuung an Wolken vorliegen, ist von den hier eingesetzten Werten auszugehen, die in ihrer Größe durchaus plausibel erscheinen und hiermit sowohl die Bodentemperaturen und die atmosphärische Eigenstrahlung als Eichmarken sowie die Energiebilanzen für die Klimazonen erfüllt werden.

Aufgrund der vorstehenden Betrachtungen kann keine exakte Fehlergrenze spezifiziert werden, aus der Konsistenz der Daten einerseits und der Abhängigkeit von einzelnen Parametern andererseits wird aber gefolgert, dass die Angaben zur Klimaempfindlichkeit mit einer Unsicherheit von maximal *30%* einzuschätzen sind.

6. Vergleich zu anderen Klimamodellen

Das hier vorgestellte Klimamodell und die damit durchgeführten Rechnungen erheben nicht den Anspruch, sich mit Modellen vergleichen zu wollen, die Tag-Nacht-Schwankungen der Temperatur, Niederschläge, lokale Klimagegebenheiten, El-Niño-Southern-Oscillations oder Madden-Julian-Oscillations simulieren können. Es ist ausschließlich ausgerichtet auf die Ermittlung der Oberflächentemperatur bei Änderung der atmosphärischen Zusammensetzung, dadurch aber sehr effizient in der Rechenleistung und dies unter Berücksichtigung der besonderen Unterschiede der Bodentemperatur sowie der vertikalen Profile in Druck, Temperatur und Luftfeuchtigkeit in den drei Hauptklimazonen.

6.1 Strahlungsantrieb

Die in den *IPCC*-Studien (Third Accessment Report -*TAR* und Forth Accessment Report - *AR4*) angeführten Betrachtungen zur Klimaerwärmung und ebenso einige der dort aufgelisteten Klimamodelle (*1- and 2-dimensional energy balance models – EBM* und *surface energy balance models - SEBM*) basieren auf dem Konzept des Strahlungsantriebs (radiative forcing - *RF*). Dabei wird normal in der Tropopause die Strahlungsbilanz zwischen einfallender und ausgehender Strahlung (kurz- und langwellig) vor und nach einer Störung ermittelt und dabei angenommen, dass die Differenz ΔF (angegeben in W/m^2) direkt proportional zu der Änderung der Oberflächentemperatur ΔT_E ist

$$\Delta T_E = \lambda_S \cdot \Delta F \tag{6.1}$$

mit λ_S als Klimasensitivitätsparameter. Für den einfachsten Fall einer wolkenlosen Atmosphäre und ohne Berücksichtigung von Rückkopplungseffekten wird λ_S direkt aus der Abstrahlung der Atmosphäre als Planck'scher Strahler entsprechend Gl.(3.7) abgeleitet und angegeben als (siehe z.B. Ref. 43):

$$\lambda_S = \left(\frac{\partial I_A^{up}}{\partial T_A}\right)^{-1} = \frac{1}{4\sigma_A \cdot T_A^3} \cdot \tag{6.2}$$

Bei einer mittleren effektiven Temperatur der Atmosphäre von T_A = 254 K resultiert hieraus ein Wert für λ_S = 0.27 K/(Wm^{-2}).

Für den Strahlungsantrieb durch CO_2 wird dabei ein logarithmischer Anstieg mit der Konzentration *C* zugrunde gelegt:

$$\Delta F = \alpha \cdot \ln(C/C_0), \tag{6.3}$$

wobei C_0 die Ausgangskonzentration darstellt und α einen Proportionalitätsfaktor repräsentiert, der nach neueren Rechnungen von Myhre et. al. [44] mit α = 5.35 W/m^2 angegeben wird. Bei einer Verdopplung der aktuellen CO_2-Konzentration folgt damit ein Strahlungsantrieb von ΔF = 3.71 W/m^2.

6. Vergleich zu anderen Klimamodellen

Nach Einsetzen von Gl.(6.3) in (6.1) ergibt sich so ein Temperaturanstieg

$$\Delta T_E = \lambda_S \cdot \alpha \cdot \ln(C/C_0), \qquad (6.4)$$

der sich mit obigen Werten zu ΔT_E = $1.0°C$ errechnet.

Dabei ist anzumerken, dass für die Ermittlung von ΔF die Oberflächen- und Troposphärentemperatur jeweils auf einem Referenzwert festgehalten werden (mit unverändertem Temperaturverlauf über die Höhe – fixed lapse rate), während sich die Stratosphärentemperaturen an ein neues Gleichgewicht entsprechend der veränderten Strahlungsbilanz anpassen können. Dadurch wird allerdings außer Acht gelassen, dass sich auch ein neues Gleichgewicht zwischen Oberfläche und Atmosphäre einstellen wird, das letztlich für eine Berechnung einer veränderten Oberflächentemperatur entscheidend ist.

Für die Strahlungsflüsse gilt, dass eine auftretende Störung – hier als Verdopplung von CO_2 mit der Folge einer reduzierten Abstrahlung der Troposphäre – gerade durch eine entsprechend erhöhte Abstrahlung durch die Stratosphäre wieder kompensiert werden muss, um so die Gesamt-Strahlungsbilanz ausgeglichen zu gestalten.

6.2 *RF*-Modell ohne Rückkopplungsprozesse

In der Berechnung nach Gl.(6.4) sind keine klimatischen Rückkopplungsprozesse durch Temperatur, Luftfeuchtigkeit, Wolken oder Albedo enthalten. Um diese zusätzlich zu berücksichtigen, werden Klimarückkopplungsfaktoren definiert, die anfänglich vor allem auf Schätzungen basierten, mittlerweile z.T. auch aus verfeinerten Klimamodellen (*radiative-convective models: RCM* und *global circulation models: GCM*) abgeleitet werden. Mit solchen Korrekturen ergeben sich deutlich größere Werte für λ_S, die teilweise das Vierfache des Basiswerts übersteigen und damit auch eine Erderwärmung von *3 - 4 °C* prognostizieren.

Zum Vergleich ist die vom *IPCC* verwendete Temperaturentwicklung nach Gl.(6.4) dem in dieser Arbeit ermittelten Temperaturanstieg (siehe hierzu Abb. 5.4) in Abb. 6.1 nochmals gegenübergestellt. Für den Sensitivitätsparameter wurde dabei von dem Basiswert ohne klimatische Rückkopplungsprozesse (λ_S = 0.27 °C/(W/m^2)) ausgegangen und für α der von Myhre et. al. angegebene Wert von α = 5.35 W/m^2 eingesetzt. Abhängig davon, welche Anfangskonzentration C_0 gewählt wird, ergeben sich damit deutlich unterschiedliche Temperaturentwicklungen, die jeweils dadurch gekennzeichnet sind, dass bei Verdopplung der Konzentration die Temperatur um *1°C* angestiegen ist, während sich für den in dieser Arbeit berechneten Verlauf nur ein Anstieg um *0.62°C* zeigt (unterer Graph, rote Karos) und hierbei die Wasserdampfrückkopplung sowie Änderungen in der atmosphärischen Rückstreuung durch die Temperatur bereits einbezogen sind.

6. Vergleich zu anderen Klimamodellen

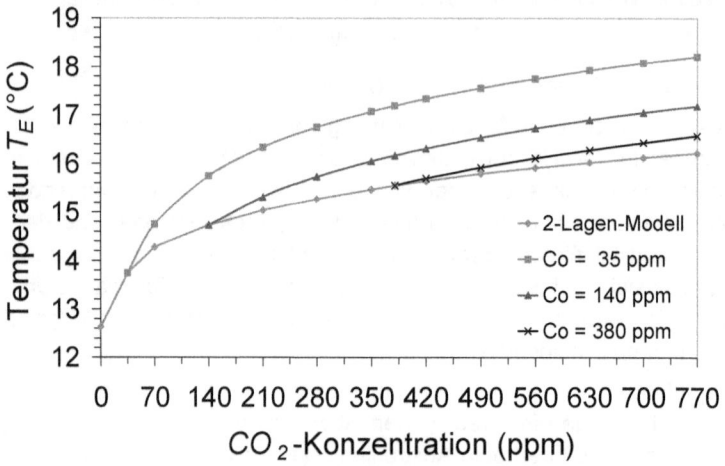

Abb. 6.1: Vergleich der berechneten globalen Oberflächentemperatur (rote Karos) mit den Daten des *IPCC* nach dem *RF*-Modell als Funktion der CO_2–Konzentration.

6.3 Ermittlung neuer *RF*-Modell-Parameter

Für das hier vorgestellte Klimamodell spielt der Strahlungsantrieb weder direkt noch indirekt eine Rolle und wird daher normal nicht betrachtet. Um aber die deutlichen Diskrepanzen zu den *RF*-Berechnungen und mögliche Ursachen hierfür besser zuordnen zu können, werden im Folgenden die wesentlichen Schritte zur Ermittlung des Strahlungsantriebs nachvollzogen, jedenfalls soweit dies aus den *IPCC*-Berichten und den Originalarbeiten (siehe z.B. Refs. 43-46) ersichtlich ist. Dadurch lassen sich zu den *IPCC*-Angaben weitgehend vergleichbare Parameter ableiten, die aber aus den hier vorgestellten spektroskopischen Rechnungen zur Absorption und zum Strahlungstransfer gewonnen wurden.

Bei Verdopplung von CO_2 ergeben sich dabei die in Tabelle 6.1 aufgeführten Differenzen ΔF_{LW} (langwellige Strahlungsflüsse), aufgelistet nach den drei Regionen und dem hieraus ermittelten globalen Wert. Hierzu wurden die Strahlungsflüsse vom Boden bis zur Tropopause (in 11 km Höhe) durch Lösen der Strahlungstransfer-Gleichung bei einfacher und doppelter CO_2-Konzentration berechnet. Nach der Nomenklatur von Kapitel 3 entspricht dies der Differenz $\Delta F_{LW} = I_G^{up} \, @ \, 380\,ppm\,CO_2 - I_G^{up} \, @ \, 760\,ppm\,CO_2$.

Ebenso ist eine Änderung im kurzwelligen Bereich festzustellen, die in diesem Fall über den Gesamtweg in der Atmosphäre ermittelt wird. Aus den berechneten Absorptionen für einfache und doppelte CO_2-Konzentration (siehe Tabellen 2.6 - 2.8)

6. Vergleich zu anderen Klimamodellen

und unter Berücksichtigung der jeweiligen Projektionsfläche einer Region zur Sonne ergeben sich die in Spalte 3 aufgeführten kurzwelligen Flussdifferenzen ΔF_{SW}.

Tabelle 6.1: Ermittelte Strahlungsflüsse für den kurz- und langwelligen Bereich.

Zone	ΔF_{LW} (W/m²)	ΔF_{SW} (W/m²)	f_A	ΔF (W/m²)
Tropen	6.19	0.78	0.636	3.65
gemäßigt	4.69	0.63	0.606	2.59
polar	3.48	0.43	0.581	1.84
global	**5.32**	**0.69**		**3.05**

Die so ermittelten Flüsse sind das Ergebnis einer sprunghaft angenommenen CO_2-Verdopplung, ohne dass sich ein neues Strahlungs- und Temperaturgleichgewicht eingestellt hätte. Trotz der erhöhten Absorption von kurz- und langwelliger Strahlung in der Atmosphäre darf sich aber die Gesamtbilanz von einfallender und auslaufender Strahlung nicht verändern. Deshalb wird sich nach einer Störung ein neues Gleichgewicht mit veränderten Temperaturen für die Erdoberfläche und Atmosphäre bzw. zwischen Oberflächen-Troposphären-System (OTS) einerseits und Stratosphäre andererseits einstellen, und dabei muss die Gesamtbilanz nach außen erhalten bleiben.

Gibt das OTS mit wachsendem CO_2-Anteil zunächst weniger Strahlung ab und erwärmt sich, emittiert die Stratosphäre dafür entsprechend stärker, aber wird dadurch gleichzeitig weiter abgekühlt, bis sich durch einen weiteren Strahlungstransfer zwischen beiden Bereichen ein neues Gleichgewicht eingestellt hat.

In diesem Zusammenhang ist zu erwähnen, dass für die Berechnung des Strahlungsantriebs in der Literatur (siehe z.B. Ref. 43) z.T. ein zusätzlicher Beitrag (~1.6 W/m²) angesetzt und damit begründet wird, dass die Stratosphäre mit erhöhter CO_2-Konzentration ebenfalls eine erhöhte Rückstreuung in das OTS liefert. Dem steht entgegen, dass der von der Stratosphäre absorbierte (aufwärts gerichtete) Strahlungsanteil in den Tropen beispielsweise bei doppelter CO_2-Konzentration von 8.7 auf 8.5 W/m² abnimmt (ein gleiches Verhalten zeigt sich auch für die anderen Klimazonen) und dementsprechend aus der gesamtenergetischen Betrachtung bei sogar leicht reduzierter Absorption im Gleichgewicht keine höhere Abstrahlung weder in Vorwärts- noch in Rückwärtsrichtung als vor der Störung möglich ist[4].

Um mit den Flussänderungen ΔF_{LW} und ΔF_{SW} also nicht nur ein Maß für eine mo-

---

[4] Die trotz erhöhter CO_2-Konzentration reduzierte Absorption in der Stratosphäre erklärt sich aus der spektralen Filterung der Strahlung und dem erhöhten Sättigungsverhalten in der Troposphäre.

mentane Störung zu definieren, sondern hierdurch zumindest näherungsweise auch einen solchen neuen Gleichgewichtszustand zu erfassen, wird als Korrektur 1. Ordnung berücksichtigt, dass die Zusatzabsorption in der Troposphäre zum Teil wieder abgegeben wird. Dies erfolgt unter Berücksichtigung der asymmetrischen Abstrahlung, bedingt durch das Temperaturgefälle in der Troposphäre, für den aus der langwelligen Absorption resultierenden Beitrag mit dem Anteil $(1-f_A) \cdot \Delta F_{LW}$, während als Strahlungsantrieb in Richtung Erde nur noch der Anteil $f_A \cdot \Delta F_{LW}$ wirkt. Die kurzwellige Absorption führt dagegen zu einer Abschwächung des Sonnenlichts um ΔF_{SW}, wovon der Anteil $f_A \cdot \Delta F_{SW}$ wieder als Wärmestrahlung in Richtung Erde emittiert wird, aber insgesamt ein Verlust von $(1-f_A) \cdot \Delta F_{SW}$, der in die Stratosphäre entweicht, zu verzeichnen ist. Damit ergibt sich für den Netto-Strahlungsantrieb mit diesen Korrekturen (siehe Spalte 5):

$$\Delta F = f_A \cdot \Delta F_{LW} - (1 - f_A) \Delta F_{SW} \qquad (6.5)$$

und hieraus als gewichtetes Mittel über die Regionen ein Wert $\Delta F = 3.05$ W/m².

Der so errechnete Strahlungsantrieb ist eine erste Näherung in Richtung eines vollständigen Gleichgewichts und normal unter Berücksichtigung der sich neu einstellenden Temperaturen zu wiederholen, bis sich wieder eine ausgeglichene Strahlungsbilanz eingestellt hat. Dies erfordert letztlich aber die Lösung eines gekoppelten Bilanzgleichungssystems, wie es in Kapitel 4 vorgestellt wurde.

Auf eine solche Mehrfachiteration kann aber auch verzichtet und stattdessen eine entsprechende Korrektur zusammen mit den anderen Rückkopplungsprozessen im Sensitivitätsparameter berücksichtigt werden. Leider ist weder aus den *IPCC*-Berichten noch aus den Originalarbeiten oder Übersichtsartikeln zum Strahlungsantrieb direkt ersichtlich, wie dort der Nettostrahlungsantrieb in der Tropopause ermittelt wird, ob hierbei bereits eine oder auch höhere Korrekturen im Strahlungsantrieb einbezogen wurden und wie sich die Gleichgewichtseinstellung der Stratosphärentemperatur hieraus ergibt.

Wird von dem oben in 1. Ordnung ermittelten Strahlungsantrieb mit $\Delta F = 3.05$ W/m² ausgegangen und dieser Wert in Gl.(6.3) eingesetzt, lässt sich hiermit ein neuer Wert für α^n mit $\alpha^n = 4.40$ W/m² angeben und unter Verwendung von Gl.(6.4) die Erderwärmung berechnen.

Da der Sensitivitätsparameter λ_S nur ungefähr bekannt ist und insbesondere bei der Berücksichtigung von Rückkopplungsprozessen große Unsicherheiten bestehen, kann umgekehrt λ_S durch Einsetzen der in Abschnitt 5.4 ermittelten Klimasensitivität in Gl.(6.4) oder durch Anpassung des Temperaturverlaufs an Abb. 5.4 bestimmt werden.

Für λ_S berechnet sich dann ein neuer Wert $\lambda_S^n = 0.20$ °C/(Wm⁻²), der deutlich niedriger als der nach Gl.(6.2) ermittelte Wert ausfällt und bereits die Wasserdampfrückkopplung sowie die temperaturabhängige atmosphärische Rückstreuung mit enthält.

6.4 Vergleich der Modelle mit neuen Parametern

Abb. 6.2 zeigt die mit dem modifizierten *RF*-Modell berechneten Temperaturentwicklungen für verschiedene Anfangskonzentrationen im direkten Vergleich zu dem aus dem Zwei-Lagen-Modell ermittelten Verlauf.

Dabei ist für diese Gegenüberstellung nicht entscheidend, ob bei der Ermittlung des Strahlungsantriebs ein oder mehrere Iterationsschritte durchgeführt wurden, da bei der Berechnung von λ_S über Gl.(6.4) bei einem veränderten α sich λ_S gegenläufig verändert. Mit dem Bezug auf die Klimasensitivität wird nur das Produkt $\alpha \cdot \lambda_S$ für das Konzentrationsverhältnis $C/C_0 = 2$ festgelegt.

Während sich für eine Anfangskonzentration von CO_2 mit C_0 = 380 ppm eine sehr gute Übereinstimmung mit dem 2-Lagen-Modell zeigt, steigen die Unterschiede zu kleineren Anfangskonzentrationen deutlich an. Dies deutet darauf hin, dass eine Berechnung entsprechend Gl.(6.4) durch eine logarithmische Funktion für kleinere CO_2-Konzentrationen zu leicht überhöhten Temperaturen führt, während für höhere Anfangskonzentrationen hierdurch eine zufriedenstellende Näherung gegeben ist.

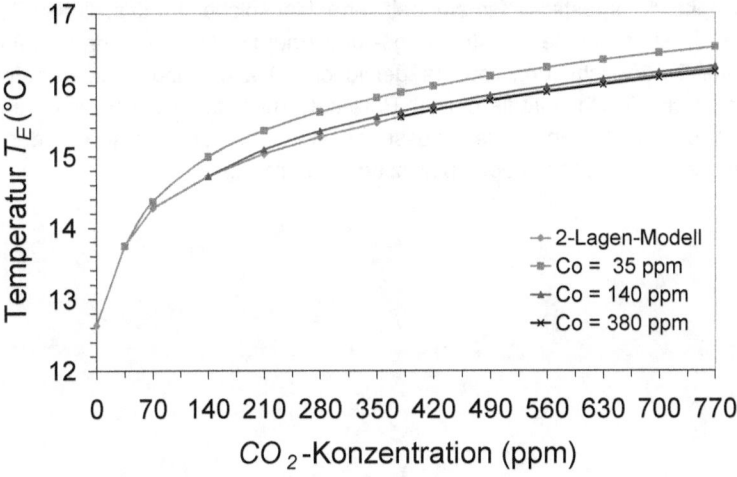

Abb. 6.2: Berechneter Temperaturverlauf mit neuen Parametern nach dem *RF*-Modell für verschiedene Anfangskonzentrationen im Vergleich zu dem 2-Lagen-Modell.

Die grundsätzlichen Diskrepanzen zu den vom *IPCC* angegebenen Daten liegen zum einen in einer leicht unterschiedlichen Vorgehensweise bei der Ermittlung des Strahlungsantriebs, sie werden aber auch zu einem wesentlichen Teil auf die gegenüber älteren Arbeiten verbesserten spektroskopischen Rechnungen zurückgeführt, die mit sehr hoher spektraler und vertikaler Auflösung sowie unter Nutzung der aktuellen *HITRAN*-Datenbank erstellt wurden. Hierdurch wird besonders sichtbar, wie durch die Dominanz des Wasserdampfes und dessen spektralem Überlapp mit anderen Treibhausgasen deren Einfluss deutlich zurückgedrängt wird.

Auch wenn der Reiz für die Anwendung des *RF*-Konzepts darin besteht, verschiedene Klimaeinwirkungen auf die Erwärmung der Erdoberfläche ohne großen Rechenaufwand in 1. Ordnung abschätzen zu können, besteht das grundlegende Problem darin, von einer äußeren Störung des atmosphärischen Strahlungsgleichgewichts auf eine Änderung der Gleichgewichtstemperatur an der Erdoberfläche (siehe Gl.(6.1)) schließen zu wollen, ohne die eigentliche Kopplung und Rückwirkung von Atmosphäre und Erde für einen neuen Gleichgewichtszustand zu kennen oder einbeziehen zu können. Stattdessen ist man bei der Angabe des Sensitivitätsparameters λ_S entweder auf zusätzliche Modellierungen durch *EBM*-, *RCM*- oder *GCM*-Rechnungen oder auf Schätzungen, insbesondere bei der Berücksichtigung von Wolken, Aerosolen, der Änderung der Albedo oder der Wasserdampfkonzentration angewiesen, die zwar ein weites Feld von Spekulationen über unterschiedliche Wichtungen dieser Einflüsse eröffnen, aber keine wirklich nachvollziehbare Basis für eine quantitative Ermittlung dieser Einflüsse bilden.

Das in Kapitel 4 vorgestellte Klimamodell vermeidet solche grundsätzlichen Schwierigkeiten, da stets die Gesamtstrahlungs- und Energiebilanz von Atmosphäre und Erde unter Berücksichtigung von maßgeblichen Rückkopplungseffekten betrachtet wird. Lediglich die Unkenntnis einiger Parameter und damit die Rückwirkung der hierdurch beschriebenen Klimaeinflüsse bestimmt die Zuverlässigkeit der oben angegebenen Ergebnisse in den spezifizierten Grenzen.

7. Zusammenfassung

In dieser Arbeit werden umfangreiche Rechnungen zum spektralen Absorptionsvermögen der Klimagase H_2O, CH_4, O_3 und CO_2 vorgestellt, die auf den neusten Daten der *HITRAN-Datenbank* basieren. Im Vordergrund steht insbesondere der Einfluss von Wasserdampf und CO_2 auf das Klima durch deren Absorptionsvermögen von kurzwelliger (Sonnenlicht) wie auch von langwelliger Strahlung (Wärmestrahlung). Die Berechnungen erstrecken sich für die Absorption des Sonnenlichts über ein Spektralintervall von *0.1 – 8 µm*, für die Wärmestrahlung über einen Bereich von *3 – 100 µm* mit einer spektralen Auflösung von besser als *1 GHz*. Die vom Druck und der Temperatur und damit von der Höhe über dem Erdboden abhängige Absorption wird über die Aufteilung der Atmosphäre in bis zu 228 Höhenschichten berücksichtigt. Für jede Schicht wird die optische Dicke als Produkt des jeweiligen Absorptionskoeffizienten mit dem in der Schicht zurückgelegten Weg ermittelt und über alle Teilelemente summiert.

Eine besondere Bedeutung für die Ermittlung des Einflusses von Klimagasen kommt der Wasserdampfkonzentration in der Atmosphäre zu, die sich sowohl mit den Klimazonen, von den Tropen über die Gemäßigten Breiten bis zur Polregion, wie auch in der vertikalen Schichtung innerhalb dieser Zonen deutlich verändert. Es werden daher für die drei Klimazonen Höhenprofile für den Wasserdampfgehalt berechnet, die sich auf GPS-Daten zur Messung des Wassergehalts in diesen Regionen stützen und sowohl die Druckabnahme mit der Höhe wie auch der Temperatur einbeziehen.

Da der Absorptionsweg und damit die Gesamtabsorption von dem Einfallswinkel der Sonne zur Atmosphäre abhängt, wird die Erde als abgestumpftes Ikosaeder (Bucky Ball) betrachtet, das aus *20* Hexagonalflächen und *12* Pentagonalflächen besteht. Diese Flächen werden den drei Klimazonen zugeordnet und für jede der Flächen, abhängig vom Einfallswinkel, die kurzwellige Absorption durch die Atmosphäre berechnet. Für die langwellige Strahlung wird von einem mittleren für alle Flächen gleichen Abstrahlwinkel von *45°* ausgegangen.

Die jeweils für eine Klimazone berechneten Absorptionen zeigen für die kurz- und langwellige Strahlung gleichermaßen einen deutlich abflachenden Verlauf mit wachsender CO_2-Konzentration, der auf die starke Sättigung der CO_2-Absorptionsbanden zurückzuführen ist. Es zeigt sich auch, dass der mit Abstand größte Absorptionsanteil und ebenso die größte Änderung auf den Wasserdampf zurückzuführen ist. So überdeckt das Wasser mit seinen breiten, intensiven Wasserbanden weite Teile von CO_2, CH_4 und O_3 ebenso wie weitere Gase, die hier nicht berücksichtigt sind. Dies führt dazu, dass der Einfluss dieser Gase deutlich abgeschwächt wird. In den Tropen mit dem höchsten Wasserdampfanteil ist bei einer Gesamtabsorption des Sonnenlichts von *15.2 %* (bei *380 ppm* CO_2-Anteil in der Atmosphäre, ohne Berücksichtigung von Ozon) hiervon mehr als *95 %* auf den

Wasserdampf und nur $3.9\,\%$ auf CO_2 zurückzuführen. In den Gemäßigten Breiten dominiert der Wasseranteil immer noch mit fast $94\,\%$ gegenüber CO_2 mit $5.6\,\%$. Für die langwellige Strahlung sind bei einer Gesamtabsorption von knapp $77\,\%$ (in den Tropen) hiervon $65\,\%$ auf Wasserdampf zurückzuführen. Dies sind $85\,\%$ der Gesamtabsorption, während CO_2 nur noch einen zusätzlichen Anteil von $10.6\,\%$ hierzu beisteuert. Für die Gemäßigten Breiten reduziert sich bei einer Gesamtabsorption von $72\,\%$ der relative Anteil für Wasser auf knapp 80% hiervon, während der Einfluss von CO_2 mit $17\,\%$ gegenüber den Tropen deutlich zugenommen hat. Methan ist mit einem Anteil von rund $1\,\%$ an der Gesamtabsorption in allen Fällen gegenüber Wasser und Kohlenstoffdioxid zu vernachlässigen. Ozon steuert im infraroten Spektralbereich einen Anteil von ca. 2.5% bei.

Global über alle Klimazonen gemittelt bestimmt damit der Wasserdampf gegenüber den anderen hier betrachteten Gasen die Aufheizung der Atmosphäre im kurzwelligen Bereich zu rund $94\,\%$, im langwelligen Bereich noch zu gut $80\,\%$.

Um eine sorgfältige Bilanz für die von der Atmosphäre absorbierte und wieder abgestrahlte Leistung aufstellen zu können, wird die Strahlungstransfergleichung für abschnittsweise ebene Schichten herangezogen und hiermit die langwellige Eigenemission für jede Klimazone unter Berücksichtigung des jeweiligen Temperatur- und Druckprofils sowie der Gaszusammensetzung berechnet. Die Atmosphäre wird zur numerischen Lösung der Strahlungstransfergleichung wieder in 228 Schichten über ein Höhenprofil von $86\ km$ eingeteilt und eine spektrale Auflösung von besser als $1\ GHz$ verwendet. Als Ergebnis dieser Rechnungen zeigt sich, dass abhängig von der Klimazone und damit der Temperatur und Wasserdampfkonzentration der in Erdrichtung emittierte Strahlungsfluss bis zu 63.5% (Tropen) der Gesamtleistung beträgt und für den Polarbereich auf 58% absinkt. Die aus diesen Rechnungen ebenfalls ableitbare Absorption von terrestrischer Strahlung durch die Atmosphäre stimmt exakt überein mit den getrennt durchgeführten Absorptionsrechnungen und bestätigt auch unter diesen Bedingungen die Gültigkeit des Lambert-Beer'schen Absorptionsgesetzes.

Um die aus der Absorption der Gase resultierenden Auswirkungen auf das Klima und insbesondere den Einfluss einer wachsenden CO_2-Konzentration auf die Erwärmung der Erde erfassen zu können, wird ein Zwei-Lagen-Klimamodell entwickelt, das die Atmosphäre und die Erde als zwei Schichten beschreibt, die jeweils als Absorber und gleichzeitig als Planck'sche Strahler wirken. Dabei setzt sich entsprechend der vorstehenden Betrachtungen die Atmosphäre aus den 228 Unterschichten zusammen, die aber für die weiteren Betrachtungen bezüglich der Energiebilanzen als eine Lage verstanden werden. Ebenfalls wird ein Wärmeaustausch durch Konvektion und Evapotranspiration zwischen diesen zwei Schichten berücksichtigt. Im Gleichgewicht geben dabei die Atmosphäre wie die Erde jeweils so viel Leistung wieder ab, wie sie von der Sonne und der angrenzenden Lage aufgenommen haben. Mit diesem Modell wird so die Temperaturentwicklung der Erde

7. Zusammenfassung

und der Atmosphäre, abhängig von der CO_2-Konzentration und einer Reihe von weiteren Parametern wie der kurz- und langwelligen Streuung an Wolken, der Absorption von Wärmestrahlung in Wolken sowie der Reflexion an der Erdoberfläche für jede Klimazone getrennt simuliert. Ein horizontaler Energieaustausch zwischen den Klimazonen, wie er aus globalen Wind- oder Meeresströmungen resultiert, wird in dem Modell durch einen zusätzlichen Wärmetransfer zu oder von einer Nachbarzone einbezogen. Ebenfalls wird in den Rechnungen die sich mit der Temperatur und der Wasserdampfkonzentration ändernde Absorption (Wasserdampfrückkopplung) und temperaturabhängige atmosphärische Rückstreuung berücksichtigt.

Die Simulationen zum Temperaturanstieg der Erde und Atmosphäre zeigen einen mit wachsender CO_2-Konzentration deutlich abflachenden Verlauf, der auf die stark gesättigte Absorption der intensiven CO_2-Banden zurückzuführen ist. Die Klimasensitivität C_S als Maß, wie weit die Temperatur bei einer Verdopplung der derzeitigen CO_2-Konzentration weiter ansteigt, ergibt für die Tropen einen Wert von $C_S = 0.61°C$ und für die Gemäßigten Breiten einen leicht niedrigeren Wert von $C_S = 0.59°C$. Dies erklärt sich daraus, dass trotz eines geringeren Wassergehalts in der Atmosphäre und der damit verminderten Abschirmung von CO_2–Banden ein zu erwartender Anstieg in der Klimaempfindlichkeit durch die erhöhte Rückstreuung von Wärmestrahlung an Wolken wieder kompensiert wird. Für die Polargebiete mit nochmals reduziertem Wasserdampfgehalt steigt die Sensitivität auf $C_S = 0.87°C$ an. Hieraus resultiert als gewichteter Mittelwert über alle Klimazonen eine globale Klimasensitivität von $C_S = 0.62°C$.

Aus den Simulationsrechnungen zeigt sich auch, dass von den weiteren Parametern, die neben den Absorptionsdaten der Treibhausgase in das Klimamodell eingehen, vor allem die Konvektion zwischen Erde und Atmosphäre sowie die langwellige Rückstreuung an Wolken einen stärkeren Einfluss auf den Temperaturverlauf und damit die Klimasensitivität besitzen. Da für diese Parameter keine verlässlichen Daten bekannt sind, leitet sich hieraus der wesentliche Fehler für die Klimasensitivität, der mit 30% abgeschätzt wird, ab.

Die hier aufgeführten Werte für die Klimaempfindlichkeit beziehen sich dabei auf Simulationen mit vergleichsweise hoher Konvektionsleistung und stellen damit eher eine obere Grenze hierfür dar. Die Abhängigkeit von der Streuung an Wolken zeigt klar, dass mit reduzierter Rückstreuung die CO_2-Sensitivität zunimmt, aber gleichzeitig die Bodentemperatur deutlich absinkt. Umgekehrt sinkt die CO_2-Abhängigkeit mit wachsender Rückstreuung bei gleichzeitiger Erwärmung des Bodens. Hieraus ist zu schließen, dass bei einer Zunahme der Bewölkung, etwa verursacht durch einen Anstieg der Aerosolkonzentration oder einer erhöhten Wasserdampfkonzentration in der Atmosphäre sich der Einfluss von CO_2 auf das Klima abschwächt, andererseits aber durch den eigentlichen Treibhauseffekt ein Temperaturanstieg zu erwarten ist. Gleichzeitig bewirkt aber eine erhöhte Bewölkung ebenso eine stärkere Abschirmung der kurzwelligen Direktstrahlung und damit eine verminderte Aufheizung der Erde, so dass die Erwärmung durch den erhöhten Treibhauseffekt zum Teil oder sogar ganz wieder kompensiert wird. Auch hier zeigt sich der dominante Einfluss des Wassers auf unser Klima, nicht nur in Form der spektralen Absorption, sondern auch über die Wolkenbildung.

Die im *IPCC*-Bericht angeführten Werte für die Gleichgewichts-Klimasensitivität stammen aus 14 unterschiedlichen Quellen und damit Modellen [11]. Sie erstrecken sich von *2.1 – 4.4°C* mit einem Mittelwert um *3.2°C* und liegen im günstigen Fall um den Faktor *3.4*, im ungünstigen Fall um *das 7*-fache über dem hier ermittelten Wert. Auch wenn das hier vorgestellte Klimamodell keine dynamischen Prozesse in der Atmosphäre, zu Land oder Wasser mit einbezieht, keine hohe räumliche Auflösung besitzt und dadurch lokale Gegebenheiten außer Acht lässt, berücksichtigt es doch und gerade die wesentlichen Einflussfaktoren, auf die es ankommt, um den Einfluss von CO_2 auf das Klima zu erfassen.

So wird insbesondere die sich über die Klimazonen verändernde Wasserdampfverteilung und das sich über das Höhenprofil mit dem Druck und der Temperatur verändernde Absorptionsvermögen der Gase sowie die atmosphärische Abstrahlung detailliert modelliert. Dabei wird kein momentaner oder transienter Zustand bestimmt, sondern das sich einstellende Gleichgewicht in der zu- und abfließenden Leistungsbilanz von Erdoberfläche und Atmosphäre, die beide über die Sonne und die angrenzende Lage so viel Energie aufnehmen, wie sie im Mittel auch wieder abgeben.

Die Diskrepanz zu den *IPCC*-Daten wird daher zum einen auf die detaillierteren Rechnungen zur Absorption der Klimagase, insbesondere der von Wasserdampf und dessen Rückwirkung auf das Absorptionsvermögen der anderen Gase zurückgeführt. So wird der Anteil von Wasser am Treibhauseffekt in der einschlägigen Literatur mit *60 %* und der von CO_2 *(neben anderen Treibhausgasen)* mit *30 %* angegeben und hieraus auf den starken Einfluss von CO_2 auf das Klima geschlossen. Offensichtlich resultieren solche Angaben daraus, dass die Größe der Einzelabsorptionen (bei Abwesenheit der anderen Gase) miteinander verglichen und hieraus auf deren Klimaeinfluss geschlossen wird. Die hier vorgestellten Ergebnisse zeigen dagegen, dass einerseits durch die Sättigung auf den starken CO_2-Absorptionsbanden bei wachsender Konzentration nur noch die Flanken dieser Banden zu einem leichten weiteren Anstieg der Absorption beitragen und zum anderen durch die starke spektrale Überlappung mit dem Wasser, das immer in der Atmosphäre präsent und lebensnotwendig ist, der Einfluss und die Wirkung von CO_2 als Treibhausgas oft deutlich überschätzt wird.

Auch führt eine vereinfachte Beschreibung des CO_2-Sättigungsverhaltens durch eine logarithmische Funktion bei einer Darstellung über einen weiteren Konzentrationsbereich zu deutlich wachsenden Abweichungen, da hierdurch Querempfindlichkeiten gerade in den Linienflanken und unter sich ändernden Einflüssen mit der Temperatur und dem Druck nicht erfasst werden.

7. Zusammenfassung

Ein grundsätzlicher Unterschied gegenüber der Vorgehensweise des *IPCC* und einer Reihe weiterer Klimamodelle besteht darin, dass die Klimaempfindlichkeit nicht aus dem Strahlungsantrieb als der Differenz zwischen der ins All abgegebenen bzw. in der Tropopause ermittelten Strahlungsleistung bei einfacher und verdoppelter CO_2–Konzentration abgeleitet wird, sondern eine sich neu einstellende Gleichgewichtslage in der Energieverteilung des Gesamtsystems Erde-Atmosphäre mit einer veränderten Eigenabstrahlung ermittelt und hieraus die Oberflächentemperatur berechnet wird. Dabei resultiert aus einer veränderten Erdtemperatur, die gleichzeitig die Temperatur der untersten Atmosphärenschicht darstellt, auch ein verändertes Temperaturgefälle über das atmosphärische Höhenprofil bis in 20 km Höhe.

Darüber hinaus wird in dieser Arbeit nicht von einem geschätzten Wert für eine mögliche Wasserdampfrückkopplung ausgegangen, sondern hierfür direkt ein Wert ermittelt, der sich aus den Rechnungen für die verschiedenen Klimazonen ableitet und in die Simulationen zur Klimaempfindlichkeit einbezogen wird.

Hier sollte und kann nicht bewertet werden, ob der in den letzten Jahrzehnten beobachtete Anstieg in der CO_2-Konzentration [31] und parallel dazu der Anstieg in der Temperatur rein anthropogenen oder vielleicht auch natürlichen Ursprungs ist. Allerdings würde mit den in dieser Arbeit ermittelten Spektraldaten und dem verwendeten Modell die seit Mitte des 19-ten Jahrhunderts von *280* auf *380 ppm* angestiegene CO_2-Konzentration lediglich zu einem Temperaturanstieg von *0.28°C* beitragen. Dieser Wert gilt für ein sich bereits eingestelltes Gleichgewicht, wovon aber bei Zeitkonstanten von ca. 100 Jahren noch nicht ausgegangen werden kann und daher eher ein noch kleiner Anstieg zu erwarten ist.

Es zeigt sich also noch eine deutliche Diskrepanz, die nicht ein Indiz für ein mangelndes Verständnis der atmosphärischen Prozesse und Zusammenhänge, wie sie hier dargestellt wurden, sein müssen. Vielmehr kann dies auch ein Hinweis darauf sein, dass andere, bisher unterschätzte Einflüsse auf unser Klima nicht hinreichend berücksichtigt und verstanden werden oder auch die Angaben und Verfahren zur globalen Temperaturermittlung sowie deren Interpretationen Fehler aufweisen könnten.

Anhang A: Grundlagen zur Berechnung der Absorptionsspektren

Um die Absorption von elektromagnetischer Strahlung in der Atmosphäre oder in einer Gaszelle über einen vorgegebenen Spektralbereich zu berechnen, ist es erforderlich, alle Rotations-Vibrations-Übergänge eines Gases oder Gasgemisches in diesem Spektralintervall zu betrachten und den Gesamtabsorptionskoeffizienten als Funktion der Frequenz zu ermitteln. Der Gesamtabsorptionskoeffizient ergibt sich aus der Summe der individuellen Linienbeiträge, die ihrerseits von vier wesentlichen Linienparametern bestimmt werden: die Übergangsfrequenz $v_{\eta\eta'}$ [cm^{-1}], die spektrale Linienintensität $S_{\eta\eta'}$ pro Molekül [$cm/molecule$],, die Molekülzahldichte N [cm^{-3}] und die Linienformfunktion $g(v)$.

Da alle Daten in der *HITRAN08*-Datenbank in *cgs*-Einheiten angegeben werden, bezieht sich die folgende Beschreibung auf diese Einheiten.

1. Übergangsfrequenz

Es werden molekulare Übergänge zwischen zwei Zuständen mit den Energien E_η und $E_{\eta'}$ [cm^{-1}] betrachtet, wobei der Index η den unteren und η' den oberen Zustand kennzeichnet. Die Energiedifferenz dieser Zustände definiert die Übergangsfrequenz in cm^{-1}

$$v_{\eta\eta'} = E_{\eta'} - E_\eta \qquad (A.1)$$

und bestimmt die Zentrallage einer Linie. In der *HITRAN*-Datenbank sind die Linienparameter aller Gase sortiert entsprechend der Übergangsfrequenz.

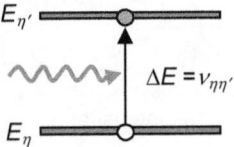

Fig. A.1: Zwei-Niveau-System mit Übergang zwischen den Zuständen η und η'.

Diese Frequenzen unterliegen normal bei einem Umgebungs-Luftdruck p_{air} [atm] einer Druckverschiebung:

$$v^p_{\eta\eta'} = v_{\eta\eta'} + \delta \cdot p_{air} \qquad (A.2)$$

mit δ als Druckverschiebungskoeffizient [cm^{-1}/atm] (durch den Umgebungsdruck) bei einer Referenztemperatur T_{ref} = *296K* und einem Referenzdruck p_{ref} = *1 atm* (*1 atm = 760 Torr = 1013.25 mbar = 1013.25 hPa*). Dieser Parameter ist abhängig vom jeweiligen Übergang und für jede Linie eines Gases in der Datenbank gespeichert. Linien, für die keine Druckverschiebung bekannt ist, haben den voreingestellten Wert δ = 0.

2. Spektrale Linienintensität

Die spektrale Linienintensität $S_{\eta\eta'}$ [cm/molecule] (bei T_{ref} = 296 K) eines Rotations-Vibrations-Übergangs ist definiert als [32]

$$S_{\eta\eta'} = \frac{h\nu_{\eta\eta'}}{c} B_{\eta\eta'} \frac{N_\eta}{N}\left(1 - \frac{g_\eta}{g_{\eta'}} \frac{N_{\eta'}}{N_\eta}\right), \qquad (A.3)$$

mit $B_{\eta\eta'}$ [cm³/(ergs s²)] als Einstein-Koeffizient für induzierte Absorption, N_η and $N_{\eta'}$ [cm⁻³] als Besetzungsdichten des unteren und oberen Zustands, g_η und $g_{\eta'}$ als statistische Gewichte, N [cm⁻³] als Teilchenzahldichte, c [cm/s] als Lichtgeschwindigkeit im Vakuum und h als Planck'sches Wirkungsquantum mit h = 6.6262×10⁻²⁷ erg s = 6.6262×10⁻³⁴ J s.

$S_{\eta\eta'}$ ist eine geeignete Größe, um die Absorptionsstärke eines Übergangs zu beschreiben, unabhängig von der homogenen Linienverbreiterung und dem Linienprofil. Sie entspricht der Fläche unter dem Linienprofil, wie in Abb. A2 dargestellt.

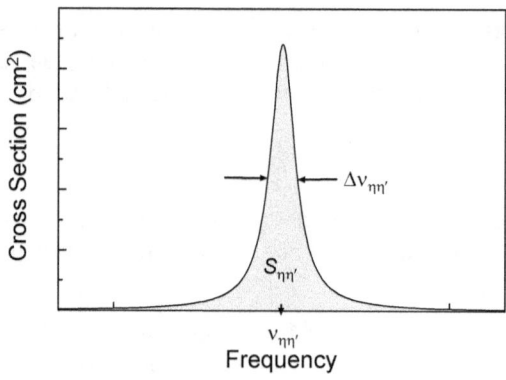

Fig. A.2: Zur Erläuterung der spektralen Linienintensität

Temperaturabhängigkeit von $S_{\eta\eta'}$

Da sich die Besetzungsdichte eines Zustands erheblich mit der Temperatur verändert, sind alle Linienintensitäten $S_{\eta\eta'}$ in der Datenbank auf die Referenztemperatur T_{ref} = 296 K bezogen. Für andere Temperaturen T können sie unter Annahme eines thermischen Gleichgewichts berechnet werden. Das Besetzungsdichteverhältnis der Zustände ist nach Boltzmann gegeben durch

$$\frac{g_\eta}{g_{\eta'}} \frac{N_{\eta'}}{N_\eta} = \exp\left(-\frac{hc\nu_{\eta\eta'}}{kT}\right); \qquad \frac{N_\eta}{N} = \frac{g_\eta}{Q(T)} \exp\left(-\frac{hcE_\eta}{kT}\right). \qquad (A.4)$$

E_η ist die untere Zustandsenergie [cm⁻¹], k die Boltzmann-Konstante mit k = 1.38×10⁻¹⁶ erg/K = 1.38×10⁻²³ J/K und $Q(T)$ die gesamtinterne Partitionssumme mit

Anhang A 73

$$Q(T) = \sum_\eta g_\eta \exp\left(-\frac{hcE_\eta}{kT}\right). \quad (A.5)$$

Während der erste Ausdruck in Gl.(A4) die relative Besetzung der Zustände η und η' als Funktion der Temperatur angibt, beschreibt der zweite Ausdruck die Besetzung im unteren Molekülzustand, bezogen auf die Gesamtbesetzung aller Rotations-Vibrations-Zustände. Nach Einsetzen von Gl.(A4) und (A5) in Gl.(A3) und mit I_a als natürliche Isotopenhäufigkeit ergibt sich für $S_{\eta\eta'}$ bei der Temperatur T_{ref}

$$S_{\eta\eta'}(T_{ref}) = \frac{h\nu_{\eta\eta'}}{c} B_{\eta\eta'} \frac{I_a g_\eta}{Q(T_{ref})} \exp\left(-\frac{hcE_\eta}{kT_{ref}}\right)\left(1 - \exp\left(-\frac{hc\nu_{\eta\eta'}}{kT_{ref}}\right)\right) \quad (A.6)$$

Dies entspricht der in der *HITRAN*- Datenbank [33] verwendeten Definition mit $S_{\eta\eta'}$ gewichtet entsprechend der Isotopenhäufigkeit.

Mit Gl.(A6) lässst sich dann die Linienintensität (oder Linienstärke) $S_{\eta\eta'}(T)$ bei einer Temperatur T berechnen aus $S_{\eta\eta'}(T_{ref})$ [33]

$$S_{\eta\eta'}(T) = S_{\eta\eta'}(T_{ref}) \frac{Q(T_{ref})}{Q(T)} \frac{\exp(-hcE_\eta/kT)}{\exp(-hcE_\eta/kT_{ref})} \frac{(1-\exp(-hc\nu_{\eta\eta'}/kT))}{(1-\exp(-hc\nu_{\eta\eta'}/kT_{ref}))} \quad (A.7)$$

3. Absorptionskoeffizient

Ein effektiver Absorptionskoeffizient [cm^{-1}], der die Nettoabsorption zwischen induzierten Absorptions- und Emissionsprozessen zwischen den Zuständen η und η' eines Moleküls darstellt, ist definiert als:

$$\overline{\alpha}_{\eta\eta'}(\nu) = S_{\eta\eta'} N g(\nu) \quad (A.8)$$

$g(\nu)$ ist die normierte Linienformfunktion, die die spektrale Verteilung um die Übergangsfrequenz beschreibt und erfüllt die Bedingung:

$$\int_0^\infty g(\nu)d\nu = 1. \quad (A.9)$$

Unter der Vorraussetzung, dass sich die Moleküle durch die ideale Gasgleichung beschreiben lassen, besteht zwischen der Teilchenzahldichte N [cm^{-3}] und dem Partialdruck p_s [dyn/cm^2] eines Gases die Beziehung

$$p_S[dyn/cm^2] = NkT \quad (A.10)$$

oder mit p_s in [atm]:

$$p_S[atm] = 1.013 \times 10^6 \, NkT. \quad (A.10a)$$

Gl. (A.8) wird dann zu

$$\overline{\alpha}_{\eta\eta'}(\nu) = S_{\eta\eta'} \frac{p_S}{kT} \frac{10^{-6}}{1.013} g(\nu). \quad (A.11)$$

Stoßverbreiterung von Spektrallinien

Unter normalen atmosphärischen Gegebenheiten wird die spektrale Breite eines Übergangs durch Druckverbreiterung bestimmt. Die Linienbreite $\Delta v_{\eta\eta'}^{p}$ (FWHM) setzt sich aus zwei Beiträgen, der Fremdgasverbreiterung (verursacht durch Luft oder andere Gase) und der Eigendruckverbreiterung eines Gases zusammen. Die Gesamtdruckverbreiterung berechnet sich dann zu:

$$\Delta v_{\eta\eta'}^{p} = 2\gamma_{\eta\eta'}^{air}(p - p_S) + 2\gamma_{\eta\eta'}^{s} p_S ,\qquad (A.12)$$

mit $\gamma_{\eta\eta'}^{air}$ and $\gamma_{\eta\eta'}^{s}$ als halbe Halbwertsbreiten (*HWHM*) [cm^{-1}/atm], verursacht durch den Luft- bzw. Eigendruck und bezogen auf T_{ref} = 296 K und einen Referenzdruck p_{ref} = 1 atm. p ist der Gesamtdruck [atm] in der Atmosphäre und p_S der Partialdruck [atm] des Gases. Beide Verbreiterungskoeffizienten sind linienspezifisch und in der Datenbank gespeichert. Liegen andere Puffergase als Luft oder Gasmischungen vor, wird mangels hierfür existierender Daten die gleiche Verbreiterung wie für Luft angenommen.

Die Temperaturabhängigkeit eines druckverbreiterten Übergangs wird als

$$\Delta v_{\eta\eta'}^{p,T} = \left(\frac{T}{T_{ref}}\right)^{-n_{\eta\eta'}} \Delta v_{\eta\eta'}^{p} = \left(\frac{T}{T_{ref}}\right)^{-n_{\eta\eta'}} \left(2\gamma_{\eta\eta'}^{air}(p - p_S) + 2\gamma_{\eta\eta'}^{s} p_S\right) \qquad (A.13)$$

angesetzt, wobei $n_{\eta\eta'}$ einen übergangsabhängigen Exponenten der Linienbreite darstellt, der als gleich für die Luft- und Eigendruckverbreiterung angenommen wird.

Solange davon ausgegangen werden kann, dass die Druckverbreiterung klein gegenüber der Übergangsfrequenz ist, wird eine druckverbreiterte Linie gut durch eine Lorentz-Funktion beschrieben:

$$g_L(\nu) = \frac{\Delta v_{\eta\eta'}^{p,T} / 2\pi}{\left(\nu - v_{\eta\eta'}^{p}\right)^2 + \left(\Delta v_{\eta\eta'}^{p,T} / 2\right)^2} ,\qquad (A.14)$$

die die Normierungsbedingung von Gl.(A.9) erfüllt.

Der Absorptionskoeffizient, Gl. (A.11), wird dann zu:

$$\overline{\alpha}_{\eta\eta'}(\nu,p,T) = S_{\eta\eta'}(T) \times \frac{p_S}{kT} \frac{10^{-6}}{1.013} \times \frac{\Delta v_{\eta\eta'}^{p,T} / 2\pi}{\left(\nu - v_{\eta\eta'}^{p}\right)^2 + \left(\Delta v_{\eta\eta'}^{p,T} / 2\right)^2} .\qquad (A.15)$$

Dopplerverbreiterung

Bei niedrigen Drücken ebenso wie bei hohen Übergangsfrequenzen (sichtbarer und infraroter Bereich) und hohen Temperaturen kann die Dopplerverbreiterung die Druckverbreiterung deutlich übersteigen und bestimmt dann das Linienprofil.

Die normierte Dopplerlinien-Funktion hat die Form

Anhang A

$$g_D(\nu) = \frac{1}{\nu_{\eta\eta'}}\left(\frac{mc^2}{2\pi kT}\right)^{1/2}\exp\left(-\frac{mc^2}{2kT}\frac{(\nu-\nu_{\eta\eta'})^2}{\nu_{\eta\eta'}^2}\right) = \frac{2\sqrt{\ln 2}}{\sqrt{\pi}\,\Delta\nu_D}\exp\left(-\frac{(\nu-\nu_{\eta\eta'})^2}{(\Delta\nu_D/2)^2}\ln 2\right) \quad (A.16)$$

mit der Dopplerlinienbreite $\Delta\nu_D$ (FWHM)

$$\Delta\nu_D = 2\nu_{\eta\eta'}\left(\frac{2kT}{mc^2}\ln 2\right)^{1/2} = 7.16\cdot 10^{-7}\times\nu_{\eta\eta'}\sqrt{T/M}, \quad (A.17)$$

m ist die Molekülmasse [g] and *M* das Molekülgewicht (Atomgewicht).
Unter der Voraussetzung, dass $\Delta\nu_{\eta\eta'}^{p,T} \ll \Delta\nu_D$ gilt, wird der Absorptionskoeffizient zu

$$\overline{\alpha}_{\eta\eta'}(\nu,p,T) = S_{\eta\eta'}(T)\times\frac{p_S}{kT}\frac{10^{-6}}{1.013}\frac{2\sqrt{\ln 2}}{\sqrt{\pi}\,\Delta\nu_D}\times\exp\left(-\frac{(\nu-\nu_{\eta\eta'})^2}{(\Delta\nu_D/2)^2}\ln 2\right). \quad (A.18)$$

Voigt-Profil

Ist die Druckverbreiterung vergleichbar zur Dopplerverbreiterung, ergibt sich das resultierende Absorptionsprofil als mathematische Faltung der zwei Linienfunktionen $g_L(\nu)$ und $g_D(\nu)$ und wird als Voigt-Profil bezeichnet:

$$\begin{aligned}g_V(\nu) &= \int_0^\infty g_D(\nu')\cdot g_L(\nu-\nu')d\nu' \\ &= \frac{\sqrt{\ln 2}}{\pi\sqrt{\pi}}\frac{\Delta\nu_{\eta\eta'}^{p,T}}{\Delta\nu_D}\int_0^\infty \exp\left(-\frac{(\nu'-\nu_{\eta\eta'}^p)^2}{(\Delta\nu_D/2)^2}\ln 2\right)\cdot\frac{1}{(\nu-\nu')^2+(\Delta\nu_{\eta\eta'}^{p,T}/2)^2}d\nu'\end{aligned} \quad .(A.19)$$

Diese Linienform wird verwendet, solange die Ungleichung $0.1\leq(\Delta\nu_D/\Delta\nu_{\eta\eta'}^{p,T})\leq 10$ für eine Spektrallinie erfüllt ist.

Anhang B 76

Anhang B: Wasserdampfkonzentration in der Atmosphäre

Die Wasserdampfkonzentration wird für die drei Klimazonen, Tropen, Gemäßigten Breiten und Polargebiete aus GPS-Messungen zur Wassersäule, die für eine Zahl von Regionen vorliegen, ermittelt. Hierzu wird die Bodentemperatur und die relative Luftfeuchtigkeit einer Zone vorgegeben und unter Berücksichtigung der Temperatur- und Druckabnahme für die Standardatmosphäre sowie des temperaturabhängigen Sättigungsdampfdrucks hieraus der Wasserdampfdruck als Funktion der Höhe ermittelt (siehe auch Ref. 26).

1. Gesamtwassergehalt in der Atmosphäre

Aus GPS-Daten kann aus der Laufzeitverzögerung der Satelliten-Signale mit hoher Genauigkeit die Wassersäule h_W, die entsteht, wenn der gesamte in der Atmosphäre enthaltene Wasserdampf ausfallen würde, ermittelt werden [25]. Abb. B.1 zeigt die Regionen, für die entsprechende Daten vorliegen.

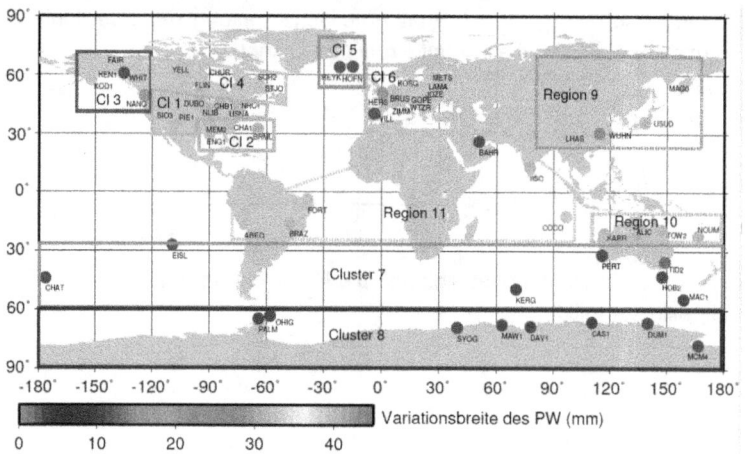

Abb. B.1: Regionen, für die Messungen zur Höhe der Wassersäule vorliegen (Ref. 25).

Für die nicht abgedeckten Regionen der Erdoberfläche muss der Wassergehalt abgeschätzt werden. Dazu werden die bereits bekannten Daten als große Stichprobe angenommen, und damit wird auf die nicht ausgewerteten Regionen extrapoliert. Außerdem werden diese Werte den drei Klimazonen zugeordnet.

Die Wassersäule h_W^Z für eine Zone errechnet sich dabei über:

$$h_W^Z = \frac{\sum h_W^R \cdot A^R}{\sum A^R},$$ (B.1)

wenn h_W^R die Säule und A^R die Fläche der Region R ist.

Anhang B

Um für die beiden gemäßigten Breiten (30 – 60° n. und s. Breite) und die zwei Polarregionen (60 – 90° n. und s. Breite) jeweils einen Durchschnittswert zu erhalten, werden die aus Gl. (B.1) ermittelten Werte in folgender Weise zu einem Wert zusammengefasst:

$$h_W^Z = \frac{\sum h_W^{Z-Nord} \cdot A^{R-Nord} + \sum h_W^{Z-S\"ud} \cdot A^{R-S\"ud}}{\sum A^{R-Nord} + A^{R-S\"ud}}. \tag{B.2}$$

Die Ergebnisse sind in Tabelle B.1 zusammengestellt, wobei die in Klammern gesetzten Werte Zwischenergebnisse für h_W^{Z-Nord} bzw. $h_W^{Z-S\"ud}$ der nördlichen oder südlichen Klimazone darstellen. Sie werden entsprechend Gl. (B.2) gewichtet und das Endergebnis schließlich ohne Klammern in der Tabelle aufgelistet. θ_N steht für die nördliche und θ_S für die südliche geographische Breite sowie $\Delta\varphi$ für die Differenz der Längengrade.

Der Wasseranteil in den Wolken wird mit 3% des gesamten Anteils in der Atmosphäre angegeben [25] und führt nur zu vergleichsweise kleinen Korrekturen, um aus den Wassersäulen den Wasserdampfgehalt zu berechnen.

2. Druck, Sättigungsdampfdruck und Temperatur in der Atmosphäre

Für den Temperaturverlauf als Funktion der Höhe h gilt für die Standardatmosphäre (siehe auch (Tabelle 2.2))

$$T(h) = T_0 - \frac{6.5°C}{1000m}(h - h_0), \tag{B.2}$$

wenn T_0 die Anfangstemperatur in der Höhe h_0 ist.

Hieraus ergibt sich eine Temperatur von *216.65 K* in *11.000 m* Höhe. Da die Bodentemperaturen in den unterschiedlichen Zonen stark variieren, sich jedoch bis *11 km* Höhe angeglichen haben, wird abweichend von der Standardatmosphäre für jede Zone individuell eine leicht modifizierte Temperaturabnahme angesetzt:

$$T^Z(h) = T_{Boden}^Z - \frac{T_{Boden}^Z - 216.65K}{11.000m} h \tag{B.3}$$

mit einer Temperaturänderung ΔT pro Höhenintervall Δh von

$$c = -\frac{\Delta T}{\Delta h} = \frac{T_{Boden}^Z - 216.65K}{11.000m}. \tag{B.4}$$

Für die Bodentemperatur T_{Boden} wird in den Tropen von *26°C*, in den Gemäßigten Breiten von *8°C* und in den Polargebieten von *-7°C* ausgegangen.

Weiterhin wird angenommen, dass das gesamte in der Atmosphäre enthaltene gasförmige Wasser sich unterhalb von 11.000 Metern befindet.

Der Druck p in der Atmosphäre wird entsprechend der internationalen Höhenformel (siehe Gl. (2.7)) angesetzt als:

Tabelle B1: Wassergehalt h_W und Fläche A^R der Regionen entsprechend Abb. B1 [25].

Fläche	h_W (mm)	θ_N	θ_S	$\Delta\varphi$	A^R ($10^6 km^2$)
polar N					
Cl 3 N	12.7	60	65	45	1.28
Cl 5 N	17	60	70	25	1.30
Cl 6 N	18.1	60	65	50	1.43
R 9 N	13	60	65	90	2.57
	Ø 5.50 (14.22)				∑ 6.58
Gemäßigt N					
Cl 1	12.3	30	40	60	6.06
Cl 2 N	22.4	30	40	40	4.04
Cl 3 S	12.7	40	60	45	7.11
Cl 4	8.7	45	60	70	7.87
Cl 5 S	17	50	60	25	1.77
Cl 6 S	18.1	30	60	50	12.95
R 9 M	13	30	60	90	23.31
	Ø 14.88 (14.12)				∑ 63.1
Tropen					
Cl 2 S	22.4	30	20	40	4.47
R 9 S	13	25	30	90	4.93
R 10	38	15	30	70	11.95
R 11	40	30	30	130	91.98
	Ø 37.92 (37.92)				∑ 113.32
gemäßigt S					
Cl 7	15.4	30	60	360	93.23
	Ø 14.88 (15.4)				∑ 93.32
polar S					
Cl 8	3.7	60	90	360	34.13
	Ø 5.50 (3.7)				∑ 34.13

Anhang B 79

$$p(h) = 1013.25 hPa \left(1 - \frac{c \cdot h}{T_{Boden}^Z}\right)^{\frac{M \cdot g}{R \cdot c}}, \quad \text{(B5)}$$

mit $M = 0.02896$ kg/mol als molare Masse der Atmosphäre, $g = 9.807$ m/s^2 als Erdbeschleunigung und $R = 8.314$ J/K/mol als universale Gaskonstante.

Für den Sättigungsdampfdruck des Wasserdampfes über Wasser p_W^S in hPa gilt gemäß Ref. 34:

$$p_W^S(h) = \frac{1}{100} \exp\left(\begin{array}{l} -6094.4642 T(h)^{-1} + 21.1249952 - 2.7245552 \cdot 10^{-2} T(h) \\ +1.6853396 \cdot 10^{-5} T(h)^2 + 2.4575506 \cdot \ln(T(h)) \end{array}\right). \quad \text{(B6)}$$

Da Wassertröpfchen mit Abmessungen im µm-Bereich, wie dies oft für Tröpfchen in Wolken zutrifft, erst unter -40°C gefrieren und mit sinkendem Druck ebenfalls der Schmelzpunkt von Eis abnimmt, wird nur von dem Sättigungsdampfdruck über Wasser ausgegangen.

Dann gilt für den maximalen Dampfdruck p_W^{max} als Funktion der Höhe:

$$p_W^{max}(h) = \frac{p_W^S(h)}{1013.25 \, hPa} p(h), \quad \text{(B7)}$$

3. Wasserdampfgehalt

Tropen

Die Wasserdampfverteilung in den tropischen Breiten hat den größten Einfluss auf die Modellierung des Wasserdampfgehaltes in der Atmosphäre. Einerseits sind die Tropen flächenmäßig die größte Sphäre, zum anderen kann die Luft in den Tropen auf Grund ihrer hohen Bodentemperatur von durchschnittlich 26°C mit Abstand am meisten Wasserdampf aufnehmen. Hieraus resultiert auch der hohe Wasserdampfgehalt von $h_W^T = 37.92$ mm pro m^2. Die relative Luftfeuchte am Boden beträgt 69 %. Die Wolkenuntergrenze, bis zu der die relative Feuchte auf *100 %* zunimmt, wird zu *10.000 m* angenommen. Hieraus resultiert die in Abb. 2.2a dargestellte Verteilung des Wasserdampfs in den Tropen.

Gemäßigte Breiten

In den gemäßigten Breiten herrscht eine Jahresdurchschnittstemperatur von etwa *8°C*, die Wolkenuntergrenze wird auf *7.000 m* festgelegt. Da der Wasserdampfgehalt bei 14.88 mm/m^2 liegt, ergibt sich eine relative Feuchtigkeit an der Erdoberfläche von 68.5 %. Hieraus folgt eine Verteilung gemäß Abb. 2.2b.

Polargebiete

Die Durchschnittstemperatur der Polregionen beträgt -7°C. Die Wassersäule für diese Zone ergab entsprechend Tabelle B.1 $h_W^p = 5.50$ mm. Mit einer Wolkenuntergrenze von *5.000 m* ergibt sich dann eine relative Feuchtigkeit von 66 %. Der Partialdruck für diese Region ist in Abb. 2.2c dargestellt.

Referenzen

1. Bei der Bewertung und Verbreitung von klimarelevanten Daten sowie bei der Beratung der internationalen Politik zu Fragen des globalen Klimawandels kommt dem Zwischenstaatliche Ausschuss für Klimaänderungen, dem *Intergovernmental Panel on Climate Change (IPCC)*, eine entscheidende Rolle zu. Das *IPCC* wurde 1988 gemeinsam von der Welt-Meteorologie-Organisation und dem Umweltprogramm der Vereinten Nationen gegründet.
2. IPCC, 2007: *Climate Change 2007: Impacts, Adaptation and Vulnerability. Contribution of Working Group II to the Fourth Assessment Report of the Intergovernmental Panel on Climate Change,* M.L. Parry, O.F. Canziani, J.P. Palutikof, P.J. van der Linden and C.E. Hanson, Eds., Cambridge University Press, Cambridge, UK, 976pp.
3. C. A. Maers und F. J. Wentz: *The Effect of Diurnal Correction on Satellite-Derived Lower Tropospheric Temperature,* in: Science, 2 September 2005: Vol. 309. no. 5740, pp. 1548 – 1551
4. Sherwood, Steven, John Lanzante und Cathryn Meyer (2005): *Radiosonde Daytime Biases and Late-20th Century Warming,* in: Science 2 September 2005: Vol. 309. no. 5740, pp. 1556 - 1559
5. Mann, Michael E., Raymond S. Bradley und Malcolm K. Hughes (1999): *Northern Hemisphere Temperatures During the Past Millennium: Inferences, Uncertainties, and Limitations,* in: Geophysical Research Letters, Vol. 26, Nr. 6, S. 759–762
6. Goddard Institute for Space Studies: http://data.giss.nasa.gov/gistemp/graphs
7. Solomon, S., D. Qin, M. Manning, R.B. Alley, T. Berntsen, N.L. Bindoff, Z. Chen, A. Chidthaisong, J.M. Gregory, G.C. Hegerl, M. Heimann, B. Hewitson, B.J. Hoskins, F. Joos, J. Jouzel, V. Kattsov, U. Lohmann, T. Matsuno, M. Molina, N. Nicholls, J. Overpeck, G. Raga, V. Ramaswamy, J. Ren, M. Rusticucci, R. Somerville, T.F. Stocker, P. Whetton, R.A. Wood and D. Wratt, 2007: Technical Summary. In: *Climate Change 2007: The Physical Science Basis. Contribution of Working Group I to the Fourth Assessment Report of the Intergovernmental Panel on Climate Change* [Solomon, S., D. Qin, M. Manning, Z. Chen, M. Marquis, K.B. Averyt, M. Tignor and H.L. Miller (eds.)]. Cambridge University Press, Cambridge, United Kingdom and New York, NY, USA
8. Forster, P., V. Ramaswamy, P. Artaxo, T. Berntsen, R. Betts, D.W. Fahey, J. Haywood, J. Lean, D.C. Lowe, G. Myhre, J. Nganga, R. Prinn, G. Raga, M. Schulz and R. Van Dorland, 2007: Changes in Atmospheric Constituents and in Radiative Forcing. In: *Climate Change 2007: The Physical Science Basis. Contribution of Working Group I to the Fourth Assessment Report of the Intergovernmental Panel on Climate Change* [Solomon, S., D. Qin, M. Manning, Z.

Chen, M. Marquis, K.B. Averyt, M.Tignor and H.L. Miller (eds.)]. Cambridge University Press, Cambridge, United Kingdom and New York, NY, USA

9. World Resources Institute (WRI), Carbon Dioxide Information Analysis Center (CDIAC), Daniel Prager (Ed.): Carbon Dioxide Emissions by Source 2005

10. Scinexx: http://www.g-o.de/wissen-aktuell-11078-2010-01-14.html

11. Randall, D.A., R.A. Wood, S. Bony, R. Colman, T. Fichefet, J. Fyfe, V. Kattsov, A. Pitman, J. Shukla, J. Srinivasan, R.J. Stouffer, A. Sumi and K.E. Taylor, 2007: Climate Models and Their Evaluation. In: Climate Change 2007: The Physical Science Basis. Contribution of Working Group I to the Fourth Assessment Report of the Intergovernmental Panel on Climate Change [Solomon, S., D. Qin, M. Manning, Z. Chen, M. Marquis, K.B. Averyt, M.Tignor and H.L. Miller (eds.)]. Cambridge University Press, Cambridge, United Kingdom and New York, NY, USA.

12. Mlawer, E. J., S. J. Taubman, and S. A. Clough: RRTM: A Rapid Radiative Transfer Model, in *Proceedings of the Fifth Atmospheric Radiation Measurement (ARM) Science Team Meeting*, San Diego, California, 1995

13. Mlawer, E. J., S. J. Taubman, P. D. Brown, M. J. Iacono, and S. A. Clough: Radiative transfer for inhomogeneous atmospheres: RRTM, a validated correlated-k model for the longwave, *J. Geophys. Res.*, 102(D14), 16,663–16,682, 1997

14. Clough, S. A., M. W. Shephard, E. J. Mlawer, J. S. Delamere, M. J. Iacono, K. Cady-Pereira, S. Boukabara, and P. D. Brown, Atmospheric radiative transfer modeling: a summary of the AER codes, Short Communication, *J. Quant. Spectrosc. Radiat. Transfer*, 91, 233-244, 2005.

15. Brown, P. D., S. A. Clough, N. E. Miller, T. R. Shippert, D. D. Turner, R. O. Knuteson, H. E. Revercomb, and W. L. Smith: Initial analyses of surface spectral radiance between instrument observations and line by line calculations, in *Proceedings of the Fifth Atmospheric Radiation Measurement (ARM) Science Team Meeting*, San Diego, California, 1995

16. Clough, S. A., M. J. Iacono, and J.-L. Moncet. 1992. Line-by-line calculations of atmospheric fluxes and cooling rates: Application to water vapor, *J. Geophys. Res.*, 97, 15761-15785.

17. Clough, S. A., and M. J. Iacono (1995), Line-by-line calculation of atmospheric fluxes and cooling rates 2. Application to carbon dioxide, ozone, methane, nitrous oxide and the halocarbons, *J. Geophys. Res.*, 100(D8), 16,519–16,535.

18. Clough, S. A., F. X. Kneizys, and R. W. Davies. 1989. Line shape and the water vapor continuum, *Atmos. Res.*, 23, 229-241.

19. Rothman, L. S., R. R. Gamache, R. H. Tipping, C. P. Rinsland, M.A.H. Smith, D. C. Benner, V. Malathy Devi, J.-M. Flaud, C. Camy-Peret, A. Perrin, A. Gold-

man, S. T. Massie, L. R. Brown, and R. A. Toth. 1992. HITRAN molecular database: Edition '92, J. Quant Spectrosc. Radiat. Transfer, 48, 469-507.

20. L.S. Rothman, I.E.Gordon, A.Barbe, D.ChrisBenner, P.F.Bernath, M.Birk, V.Boudon, L.R. Brown, A.Campargue, J.-P.Champion, K.Chance, L.H.Coudert, V.Danaj, V.M.Devi, S. Fally, J.-M.Flaud, R.R.Gamache, A.Goldmanm, D.Jacquemart, I.Kleiner, N. Lacome, W.J.Lafferty, J.-Y.Mandin, S.T.Massie, S.N.Mikhailenko, C.E.Miller, N. Moazzen-Ahmadi, O.V.Naumenko, A.V.Nikitin, J.Orphal, V.I.Perevalov, A.Perrin, A.Predoi-Cross, C.P. Rinsland, M.Rotger, M.Simeckova, M.A.H.Smith, K.Sung, S.A.Tashkun, J.Tennyson, R.A. Toth, A.C. Vandaele, J. VanderAuwera. The HITRAN 2008 molecular spectroscopic database, J. Quant. Spectrosc. Radiat. Transfer 110, 533–572 (2009)

21. Atmospheric and Environmental Research, Radiative Transfer Group: http://rtweb.aer.com/

22. siehe z.B. W. Demtröder: Experimentalphysik 2 - Elektrizität und Optik, Springer-Verlag, 2. Auflage, 1999, Heidelberg

23. H. Harde, J. Pfuhl: MolExplorer – Programmpaket zur Berechnung von Molekülspektren der in der Atmosphäre vorkommenden Gase, Helmut-Schmidt-Universität Hamburg, 2006-2010

24. Standard Atmosphere: The International Civil Aviation Organization for aeronautics

25. S. Vey: Bestimmung und Analyse des atmosphärischen Wasserdampfgehaltes aus globalen GPS-Beobachtungen einer Dekade mit besonderem Blick auf die Antarktis, Technische Universität Dresden, Diss., 2007

26. M. Lang: Untersuchungen zur Klimasensitivität von Wasserdampf und Kohlenstoffdioxid, Diplomarbeit, Helmut-Schmidt-Universität, Hamburg, 2010

27. PhysCAL Environment, Albert Version 1.10: M. Wüllenweber, ChassBase GmbH, Springer Verlag, Heidelberg

28. da Silva, A. M. and S. Levitus, 1994: Anomalies of Heat and Momentum Fluxes. Vol. 3, Atlas of Surface Marine Data 1994, U.S. Department Commerce, 413 pp.

29. Budyko, M. I., 1982: The Earth's Climate: Past and Future. Academic Press, 307 pp.

30. Sellers, W. D., 1965: Physical Climatology. University of Chicago Press, 272 pp.

31. Earth System Research Laboratory, Mauna Loa Observatory, Hawaii http://www.esrl.noaa.gov/gmd/obop/mlo/programs/esrl/co2/co2.html

32. S. S. Penner, "Quantitative Molecular Spectroscopy and Gas Emissivities", Addison-Wesley, Reading, MA, 1959.

33. L. S. Rothman et.al., "The HITRAN Molecular Spectroscopic Database and HAWKS; 1996 Edition", J. Quant. Spectrosc. Radiat. Transfer 60, 665–710 (1998)

34. D. Sonntag, D.Heinze: Sättigungsdampfdruck- und Sättigungsdampfdichtetafeln für Wasser und Eis. 1. Auflage. VEB Verlag für Grundstoffindustrie, 1982

35. Karl Schwarzschild, deutscher Astronom, 1876-1916, siehe auch Mishchenko, Applied Optics, 41, 2002, p. 7114-34

36. G. W. Paltridge, C. M. R. Platt: Radiative Processes in Meteorology and Climatology. Developments in Atmospheric Science 5, Elsevier, Amsterdam, 1976

37. J. T. Kiehl, K. E. Trenberth: *Earth's Annual Global Mean Energy Budget*, in : Bull. Amer. Meteor. Soc.78, 197-208 (1997), see p. 201

38. B. Barkstrom, E. Harrison, G. Smith, R. Green, J. Kibler, R. Cess and the ERBE Science Team: *Earth Radiation Budget Experiment (ERBE) archival and April 1985 results*, in: Bull. Amer. Meteor. Soc., 70, 1254–1262 (1989)

39. T. D. Bess, G. L. Smith: *Earth radiation budget: Results of outgoing longwave radiation from Nimbus-7, NOAA-9, and ERBS satellites*, in: J. Appl. Meteor., 32, 813–824 (1993)

40. Y. Huang et. al., Geophys. Res. Lett. 34, L24707 (2007)

41. K. Trenberth, J. Fasullo, J. Kiehl: *Earth's Global Energy Budget*, in: Bul. Amer. Meteor. Soc., March 2009, p. 311

42. http://www.mpimet.mpg.de/Depts/Modell/EXPO/hintergrund.html

43. V. Ramanathan, L. Callis, R. Cess, J. Hansen, I. Isaksen, W. Kuhn, A. Lacis, F. Luther, J. Mahlman, R. Reck, M. Schlesinger: *Climate-Chemical Interactions and Effects of Changing Atmospheric Trace Gases*, in: Rev. Geophys. 25, 1441-1482 (1987)

44. G. Myhre, E. J. Highwood, K. P. Shine, F. Stordal: *New estimates of radiative forcing due to well mixed greenhouse gases*, Geophys. Res. Letters 25, pp. 2715-2718 (1998)

45. J. Hansen, D. Johnson, A. Lacis, S. Lebedeff, P. Lee, D. Rind, G. Russell: *Climate Impact of Increasing Atmospheric Carbon Dioxide*, in: Science 213, 957-966 (1981)

46. J. Hansen, I. Fung, A. Lacis, D. Rind, S. Lebedeff, R. Ruedy, G. Russell, P. Stone: *Global Climate Changes as Forecast by Goddard Institute for Space Studies Three-Dimensional Model*, in: J. Geophys. Res. 93, 9341-9364 (1988)

www.ingramcontent.com/pod-product-compliance
Lightning Source LLC
Chambersburg PA
CBHW070310230526
45470CB00002B/812